KB123036

건축 스케일의 감感

Original Japanese language edition
JUTAKU SEKKEI NO PRO GA KANARAZU MINI TSUKERU KENCHIKU NO SCALE KAN
by Shigenobu Nakayama, Takeshi Denda, Nanako Kataoka 2018
Copyright © Shigenobu Nakayama, Takeshi Denda, Nanako Kataoka 2018
Korean translation rights by arrangement with Ohmsha, Ltd.
through Japan UNI Agency, Inc., Tokyo and BC Agency, Seoul.

이 책의 한국어판 저작권은 BC 에이전시를 통해
저작권자와 독점계약을 맺은 더숲에 있습니다. 저작권법에 의해
한국 내에서 보호를 받는 저작물이므로 무단전재와 복제를 금합니다.

건축 스케일의 감感

공 간 의 치 수 , 면 적 , 길 이 를 우 리 의 오 감 으 로 파 악 한 다 !

노경아 옮김 — 임도균 감수

나카야마 시게노부 · 덴다 다케시 · 가타오카 나나코 지음

팔, 손가락, 손뼘, 보폭, 키 등…
신체를 '잣대'로 내 몸에 맞는 쾌적한 공간을 설계하다
건축 입문자, 건축 현장 전문가, 자신의 공간을
직접 만들고자 하는 모든 이들을 위한 책

더숲

일러두기

- 책의 특성상 척관법과 미터법 단위가 많이 등장합니다. 원서에서 병기되지 않은 척관법 단위의 경우, 한국 독자들의 이해를 돕기 위해 미터법 단위를 병기하였습니다.
- 본문 하단의 주는 대부분 옮긴이의 설명이며, 감수자의 주는 '감수자'로 별도 표기했습니다.

들어가며

건축을 배우는 젊은이라면 누구나 장래에 건물을 직접 설계하고 싶을 것입니다. 작은 주택이든 대형 미술관이든, 모든 건물은 기본적으로 '사람을 담는 그릇'이므로 사람의 신체를 기준으로 설계하는 것이 바람직합니다. 공간이 너무 작거나 좁으면 지나다니거나 활동하기 어려울 것이고, 반대로 지나치게 넓으면 낭비되는 비용이나 에너지가 발생할 것입니다.

우리 신체에 맞는 공간, 즉 '휴먼 스케일'로 이루어진 공간은 기능적이고 쾌적합니다. 그러나 적절한 스케일과 치수를 모르는 상태로는 건물을 휴먼 스케일로 설계할 수 없습니다.

그러므로 독자 여러분도 공간과 물건의 크기를 관념적인 숫자로 생각하기보다 자신의 신체를 '잣대' 삼아 다양한 치수를 파악하는 습관을 들여 보면 좋겠습니다. 이 책에서 소개하는 방법으로 연습하며 건물 설계에 꼭 필요한 스케일감을 익히기 바랍니다.

차례

03. 공간 숙어를 구사하여 주택을 설계한다

부록

신체 척도란 무엇인가?

01

자를 대신하는 신체 척도

❶ 손가락과 치

손가락과 치

네 발로 걷던 인간은 직립보행을 하면서부터 양손을 자유롭게 쓰기 시작했습니다. 그래서 원시시대에는 사냥에 쓸 활이나 창 같은 도구를 만들어 썼습니다.

이후 인간의 신체는 주변 물건의 길이나 거리를 가늠하는 측정 도구처럼 쓰이며 '자'의 역할을 하게 되었습니다. 사람들이 손과 발, 팔뚝 그리고 활짝 벌린 두 팔 등 신체의 여러 부위를 사용하여 길이나 거리를 계측했기 때문입니다. 신체의 작은 단위로는 '손가락'이 있습니다. 이런저런 설이 많지만, 대개 엄지의 폭, 혹은 검지를 갈고리 모양으로 구부렸을 때의 두 번째 마디 길이를 '치(寸)'라고 합니다. 서양에서는 이 단위를 '인치'로 부릅니다. '치'는 주로 건축에서 치수를 나타낼 때 쓰이지만(기둥을 'ㅇ치 기둥'이라고 부르는 등), 가정에서도 그릇이나 병의 크기를 잴 때* 자주 사용되었습니다.

일본 전래동화에 나오는 '일촌법사(一寸法師)'**의 크기는 일촌(一寸), 즉 '한 치'인데, 척관법 사용이 금지되고 미터법이 널리 사용되는 지금까지도 그 주인공을 '3cm 동자'라고 부르는 사람은 없습니다.

신체 척도가 되는 '손가락'

치

치

한 치 = 30.3mm = 약 3cm
엄지의 폭을 '치'(서양에서는 인치)라고 부릅니다.
검지를 구부렸을 때 두 번째 마디의 길이를 '치'라고 부른다는 설도 있습니다.

---

* 국내에서는 천의 길이를 잴 때도 사용된다.
** 우리나라에도 세상 사람이 모두 안다는 뜻의 '삼척 동자도 다 안다'라는 말이 있다. 3척은 66cm 정도로, '그 정도로 작은 철 없는 아이'를 뜻한다

그릇은 네 치

서양인의 식기와는 다르게 동양인의 식기는 대개 밥공기든 국 대접이든 사람이 한 손으로 들 수 있는 크기로 만들어집니다.

공업 디자이너인 아키오카 요시오(秋岡芳夫)는 자신의 저서 《생활을 위한 디자인》에서 "일본의 대접을 모아서 측정한 결과 치수가 지름 네 치 정도로 통일되어 있었고, 그보다 큰 그릇은 찾아보지 못했다"라고 말했습니다. 두 손의 엄지와 중지를 모아 원을 만들면 그 지름이 약 네 치(약 12cm)가 되는데, 일반적인 그릇 크기가 이와 비슷한 것으로 보아 사람의 신체를 기준으로 그릇이 만들어진 것을 알 수 있습니다.

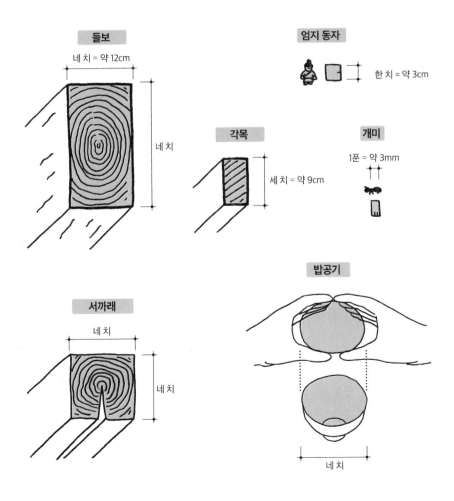

들보
네 치 = 약 12cm
네 치

엄지 동자
한 치 = 약 3cm

각목
세 치 = 약 9cm

개미
1푼 = 약 3mm

서까래
네 치
네 치

밥공기
네 치

02 자를 대신하는 신체 척도

❷ 손과 뼘

'뼘'이란

엄지와 검지(혹은 중지)를 최대한 크게 벌렸을 때의 폭을 '뼘'이라고 부릅니다. 손이 큰 사람도 있고 아이처럼 손이 작은 사람도 있으니 그 길이는 사람마다 다르겠지만 일반적인 '한 뼘'은 약 다섯 치(약 15cm)에 해당합니다. 목조 주택과 철근콘크리트 건물의 벽두께는 한 뼘, 즉 다섯 치에 가깝습니다. 일본의 건축 종사자들은 건축 도면 등에서 치수를 재는 것을 '치수를 뼘한다'*라고 말하는데, 여기서도 사람들이 오래전부터 손으로 치수를 쟀다는 사실을 알 수 있습니다.

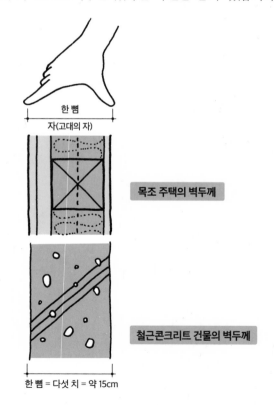

한 뼘
자(고대의 자)

목조 주택의 벽두께

철근콘크리트 건물의 벽두께

한 뼘 = 다섯 치 = 약 15cm

* 寸法をあた(睨)る를 '뼘하다'로 번역했으나 사실 국내에서는 이 표현에 해당하는 말이 특별히 없다. 보통 '치수를 잰다'라는 표현을 많이 쓰고, 이때 종종 뼘을 이용한다.

손 크기를 기준 삼아 만들어진 대표적인 건축 재료는 벽돌입니다. 전 세계의 벽돌 크기는 '6×10×21cm'*로 규격화되어 있는데, 이것은 작업자가 한 손으로 들고 효율적으로 쌓아 올리기 좋은 크기입니다. 벽돌은 밑에서 위로 하나씩 쌓아 올리기 때문에 손으로 쉽게 들 수 있는 크기여야 합니다. 고대 메소포타미아 문명에도 비슷한 크기의 자연 건조 벽돌이 쓰였다고 하니, 벽돌이 아주 오래전부터 사람의 손 크기에 맞춰 만들어졌다는 사실을 알 수 있습니다.

젓가락 길이는 한 뼘 반이 적당하다
식사 때마다 쓰는 젓가락의 길이 역시 사람의 손 크기에 맞춰져 있습니다. 손을 쫙 폈을 때 엄지 끝에서 검지 끝까지의 길이가 '한 뼘'인데, 젓가락은 그 1.5배인 '한 뼘 반'일 때 가장 쓰기 편하다고 합니다. 젓가락에서도 신체 척도에 기초한 비례 관계가 중요한 역할을 하고 있는 것입니다.

벽돌은 한 손으로 들 수 있는 크기

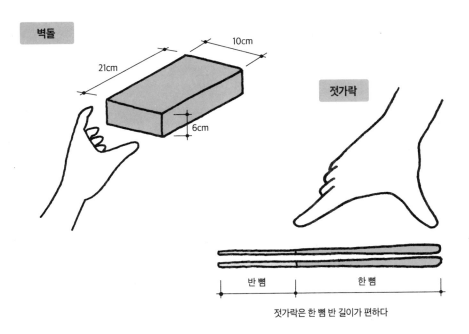

젓가락은 한 뼘 반 길이가 편하다

•국내에서 일반적으로 현재 가장 많이 사용하고 보편화된 벽돌 크기는 190x90x57(길이x너비x두께)mm이다.(-감수자).

03 자를 대신하는 신체 척도

❸ 곡척, 곱자, 규구법

곡척과 곱자

곡척(曲尺)은 중세 이후 일본에서 쓰인 표준 길이 단위로, 1곡척이 10/33m에 해당합니다. 참고로 1척(한 자)은 '팔꿈치에서 손목 언저리까지'의 길이를 말합니다(* '자'의 길이는 시대마다 다르다).

곡척은 또 길이 측정 도구인 '곱자'를 가리키기도 합니다. 곱자는 길고 짧은 두 개의 자를 직각으로 붙이고 눈금을 새긴 것인데, 금속으로 만들어졌기 때문에 '가네(金)'로 불렸다고 합니다. 한편 직각도 '가네(矩)'라서, 일본에서는 곱자를 가지고 기둥이나 벽이 직각으로 잘 만들어졌는지 점검하는 일을 '가네를 본다'라고 말합니다.*

이 공구는 바깥쪽에 한 치, 즉 1촌 간격의 겉눈금이, 안쪽에 1.41촌(√2) 간격의 안눈금이 새겨져 있어 직각과 길이를 동시에 측정하기 편리합니다. 측정 도구의 역할과 표준의 역할을 동시에 수행하는 기특한 도구가 바로 '곱자', 즉 '곡척'입니다.

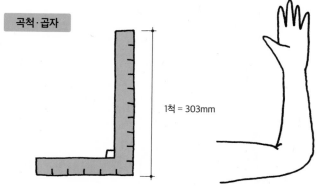

곡척·곱자

1척 = 303mm

현재의 1척 = 303mm(곡척의 1척과 동일)
팔꿈치에서 손목 언저리까지의 길이입니다.

• 일본어로 '쇠 금(金)'을 '가네'로 읽는다. 여기서 '지름쇠'라는 뜻의 '사시가네(差し金)'라는 말이 생겨나 자를 지칭하는 말이 되었고, 그것이 다시 '가네'로 변형되었다. 한편 곱자의 용법은 점차 다양해져 직각을 뜻하는 '矩'도 '가네'로 읽히며 '곱자'를 뜻하게 되었다.

규구법

규구(規矩)란 '규구준승(規矩準繩)'에서 나온 말입니다. 규구준승이란, '규'(規, 원을 그리는 도구, 컴퍼스)'로 물건의 길이를 분할하고, '구(矩, 곱자)'로 직각을 맞추고, '준(準, 수평을 재는 도구, 수준기)'으로 수평을 맞추고, '승(繩, 수직을 재는 도구, 먹줄)'으로 연직*과 수직을 맞춘다는 뜻입니다.

　이 말은 사찰 건축의 기초 작업이나 기공식, 상량식 등의 다양한 행사에서 광범위하게 쓰이며, 일상생활에서 지켜야 할 법도나 일의 시작을 의미하기도 합니다.

　규구법이란 자, 곱자 등을 사용하여 공작에 필요한 형태와 치수, 지붕의 기울기를 산출하는 방법입니다. 일본 목수들의 경우, 오래전부터 손을 쫙 폈을 때 엄지 끝과 검지 끝, 두 손가락의 뿌리 부분을 연결한 삼각형의 세 변의 길이가 '3:4:5'의 비율을 이룬다는 것을 알고 있었다고 합니다. 그들은 피타고라스의 원리를 자연스럽게 활용해 온 것입니다.

> **규구법이란 직각을 만들고**
> **각도를 계산하는 방법**

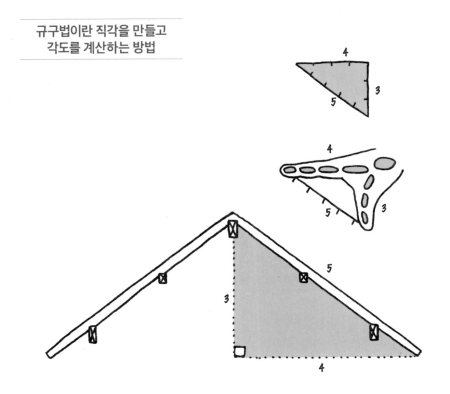

* 연직: 중력 방향. '수직'은 두 선이 직각을 이루는 것을 말한다.

04 자를 대신하는 신체 척도

❹ 발과 몸

'보(步)'는 중국에서 유래한 개념으로, 원래는 면적을 재는 단위였지만 지금은 사람이 걸을 때 한 걸음의 너비, 즉 보폭을 가리킵니다. 동양인의 1보는 대략 2척, 빨리 걸으면 약 2.5척, 즉 약 75cm이고 서양인의 1보는 1yd(야드) = 3ft(피트)로 약 90cm라고 합니다. 다리 길이, 발 크기가 달라서 보폭도 20~30cm나 차이가 나는 것입니다.

　자신의 보폭이나 발 크기를 미리 알아 두면 자가 없어도 건물이나 타일 등의 크기를 대략 측정할 수 있습니다.

보폭으로 거리를 잰다

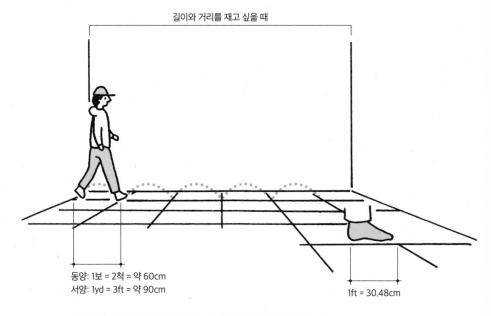

길이와 거리를 재고 싶을 때

동양: 1보 = 2척 = 약 60cm
서양: 1yd = 3ft = 약 90cm

1ft = 30.48cm

동양인의 일반적인 보폭은 약 2척(60cm), 빨리 걸으면 약 2.5척(약 75cm).
서양인의 1yd(야드)는 3ft(피트) = 약 90cm(1ft = 30.48cm).
자신의 선 키, 손을 위로 뻗었을 때의 키, 보폭과 손발 크기 등을 척도로 활용하여 길이와 거리를 잴 수 있습니다.

척관법에서 미터법으로

척관법은 고대 중국에서 시작되어 동아시아권역에서 널리 사용된 도량형법으로 길이 단위로 '칸(間간)', '자(尺척)', '치(寸촌)', '푼(分분)', 질량 단위로 '관(貫관)', '돈(匁문)', 부피 단위로 '되(升승)' 등을 쓰는 전통적 도량형입니다. 1959년에 도량형법이 미터법으로 바뀐 후에도 척관법이 계속 쓰여 왔습니다.

현재 국제표준 도량형은 미터법이므로 모든 건축 도면의 수치는 미터법으로 표기됩니다. 그러나 실제 건축 현장에 가 보면 목수 등 기술자들이 여전히 '한 치 너 푼'이니 '석 자'니 하며 예전 척관법을 쓰는 것을 볼 수 있습니다. 예전부터 '치', '자', '칸' 등 신체를 기준 삼는 스케일감이 몸에 배어 있기 때문입니다.

몸을 활용한 길이 단위

척관법을 미터법으로 환산하면 아래그림처럼 됩니다. 또 척관법 외에 '길(丈)', '발(尋)', '뼘(咫)', '문(文)' 등의 신체 척도도 있습니다. '길'은 키, '발'은 양팔을 벌린 폭, '뼘'은 손가락을 쫙 편 길이, '문'은 발 크기를 나타내는 척도입니다.•

발: 양팔을 벌린 폭

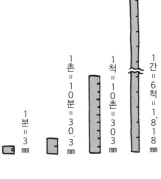

1분 = 3mm
1촌 = 10분 = 30.3mm
1척 = 10촌 = 303mm
1간 = 6척 = 1,818mm

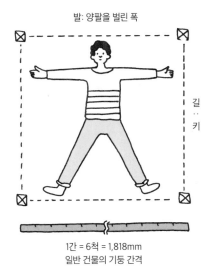

길 ·· 키

1간 = 6척 = 1,818mm
일반 건물의 기둥 간격

• '길'은 '열 길 물속은 알아도 한 길 사람 속은 모른다'라는 속담에도 나와 있다. '발'은 양팔을 옆으로 쫙 뻗은 길이를 나타내는 단위(둘레의 길이를 나타내는 '아름'과는 다름)인데 요즘은 잘 쓰이지 않는다. '문'은 실생활에서 자주 쓰이며, 신발의 치수를 여전히 '문수'라고 부르는 어른들이 많다.

신체 폭과 복도·보행로의 폭

한 사람이 지나가려면

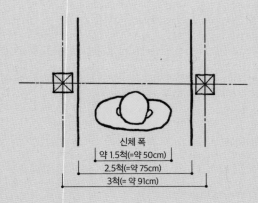

신체 폭
약 1.5척(=약 50cm)
2.5척(=약 75cm)
3척(= 약 91cm)

두 사람이 지나가려면

한 사람이 몸을 비스듬히 돌려야
지나갈 수 있다.

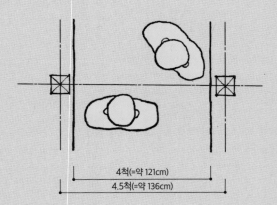

4척(=약 121cm)
4.5척(=약 136cm)

두 사람이 서로 닿지 않고 지나가려면

그대로 엇갈려 지나갈 수 있다.

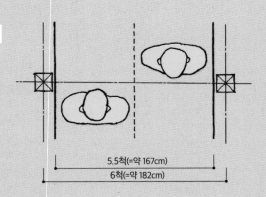

5.5척(=약 167cm)
6척(=약 182cm)

복도나 보행로의 폭은 '한 사람이 지나간다' '두 사람이 엇갈려 지나간다' '사람과 물체가 엇갈려 지나간다'라는 식으로, 그곳이 주로 어떻게 활용되는지에 따라 달라집니다. 예를 들어 한 사람이 지나갈 경우, 남성의 일반적인 어깨 폭이 1.5척(약 50cm)이므로 양손의 동작을 감안하여 복도의 유효 폭이 2~2.5척(약 60~75cm) 정도가 되어야 여유 있게 보행할 수 있습니다.

　지금까지 모든 보행로의 폭은 이 기준 치수의 배수로 설계되었습니다. 에도 시대의 생활 보행로 폭 역시 1~1.5간 = 6~9척(약 182~273cm)이며, 그 당시에도 두 사람이 서로 닿지 않고 지나갈 수 있는 폭을 상정하여 길을 만들었다는 사실을 알 수 있습니다.

　길을 가다 보면 알맞은 스케일감이 느껴지는 보행로가 있는데, 사람의 몸에 맞춰 보행로를 만들었기 때문입니다. 한편 요즘은 차량 폭을 기준으로 하여 차로 폭을 3mm 이상으로 만드는 것이 도로법상 원칙이 되었습니다.

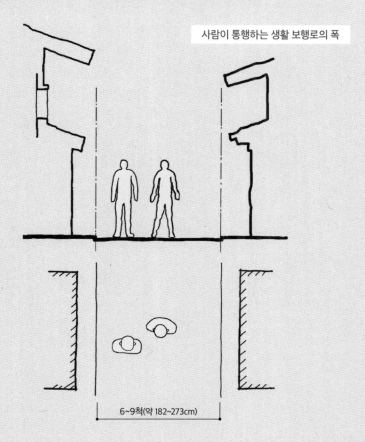

사람이 통행하는 생활 보행로의 폭

6~9척(약 182~273cm)

01

05 자를 대신하는 신체 척도

❺ 다다미(첩), 평

일본만의 독특한 척도, 다다미(첩)*

일본에서는 주택 등의 설계 회의에서 고객에게 "침실 면적은 ○○m²입니다"라고 설명하면 "○○m²는 다다미(첩) 몇 장인가요?"라고 되묻는 경우가 많습니다. 일본인은 공간의 넓이를 다다미 장수로 치환하여 상상하는 습관이 몸에 배어 있기 때문입니다. 이처럼 일본의 전통 바닥재인 다다미는 일본인의 스케일감을 길러 주는 중요한 역할을 했습니다.

　다다미의 규격은 지역마다 조금씩 다릅니다. 그중 대표적인 것이 일본 서부에서 쓰인 '교마(京間)'와 동부에서 쓰인 '에도마(江戸間)'입니다. 교마는 다다미의 긴 쪽이 6.3척, 에도마는 5.8척으로 길이 차이가 5촌(약 15cm)이나 납니다. 지역마다 기둥을 배치하는 방식, 다다미를 놓는 방식이 달라서 다다미 크기도 달라졌고, 그것이 나중에 지역별 다다미 규격으로 굳어진 듯합니다. 또 에도시대에는 이사를 할 때, 전에 쓰던 다다미를 큰 짐수레에 실어 새집으로 날랐다고 하니, 그 전부터 다다미 크기가 규격화되어 있었던 것으로 보입니다.

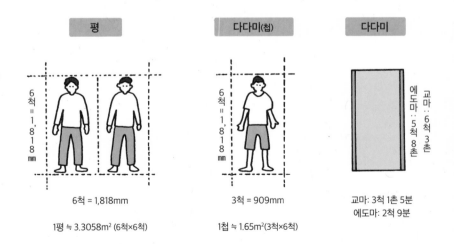

| 평 | 다다미(첩) | 다다미 |

6척 = 1,818mm

3척 = 909mm

교마: 6척 3촌
에도마: 5척 8촌

1평 ≒ 3.3058m² (6척×6척)

1첩 ≒ 1.65m²(3척×6척)

교마: 3척 1촌 5분
에도마: 2척 9분

● 속을 볏짚으로 채우고 겉에는 골풀로 만든 돗자리를 씌워 꿰맨 일본식 바닥재. 한자로는 첩(疊/帖)으로 쓰고 한 첩, 두 첩 또는 한 장, 두 장 하는 식으로 센다.

요즘에는 다다미가 바닥재로 쓰이지만, 원래는 헤이안 시대 귀족의 가구나 침구, 또는 궁전 내 침전 바닥에 까는 침구였습니다. 지금의 침대와 같은 가구였을 뿐 지금처럼 면적을 가늠하는 기준으로 삼지는 않았습니다.

평

'평'이라는 면적 단위도 인간의 몸에서 유래한 것입니다. 1평은 6척×6척이고 약 3.3m²로 원래 보(步)에서 유래했습니다. 지금은 미터법이 표준이 되었지만 평도 여전히 많이 쓰이고 있습니다.

앉으면 반 첩, 누우면 한 첩

'앉으면 반 첩, 누우면 한 첩'이라는 일본 속담이 있듯이, 다다미는 이처럼 인간에게 필요한 최소한의 공간을 반영한 크기로 만들어졌습니다. 위에서 내려다보면 사람이 앉아 있을 때는 반 첩(3척×3척), 누워 있을 때는 한 첩(3척×6척)의 공간이 필요합니다. 정면에서 보면 사람의 키에 해당하는 길이(1길 = 6척)와 키의 절반(3척)이 기본이 됩니다.

6첩의 넓이

6첩은 사람 6명이 누울 수 있는 면적

	10척	303cm
키 × 1.5	9척	
최대 몸길이	7.5척	228cm
키	6척	182cm
앉은 키 × 0.5	3척	91cm
팔	2척	60.6cm
다리	1척	30.3cm
바닥	0	

정면에서 보았을 때

6척

위에서 내려다보았을 때

3척

3척

3척

수납장의 높이와 신체 치수

키와 연령에 따라 수납장의 높이도 달라집니다. 손이 닿는 범위와 생활용품의 사용 빈도를 고려하여 물건을 '상단, 중단, 하단'에 나누어 수납하는 방법, 수납장의 높이에 따른 문 종류를 정리하여 실었으니 참고하시기 바랍니다.

또 인체 각 부위의 치수와 신장(H)에 대한 비례관계를 그림으로 나타냈습니다. 여기 나온 눈높이와 어깨높이 등을 가지고 물건을 꺼내고 넣기 편한 수납장의 높이, 의자와 책상 높이 등을 간단히 구할 수 있을 것입니다.

수납장 깊이는 어떤 기준으로 정해야 할까요? 바닥에서 자는 경우에는 요와

수납장 구분

수납장 ㅎ

침구 및 여행용품	의류용품	주방용품	문 개폐 방식
계절용품	계절용품 모자	보관식품 예비식품	
손님용 침구　베개 담요　잠옷 및 침구류	상의 하의	컵 잔 작은 병	
신발과 가방 여행 가방	예복 등	큰 병 나무통 쌀통 취사용품	

이불을 3단으로 접어 벽장에 보관해야 하므로 벽장은 깊이가 3척(약 90cm)쯤 되어야 합니다. 한편 재킷 등 양복을 수납할 옷장은 2척(약 60cm) 정도의 깊이면 됩니다.

  실제 건축에서 공간을 설계하거나 도면을 그릴 때는 여기에 여유 공간을 추가하거나 사용자의 신체 상태를 감안하여 수납장의 치수를 정합니다. 설계할 건물이 주택인지 사무실인지 점포인지에 따라서도 조금씩 치수가 달라지므로 여기 나온 숫자는 하나의 예시로 참고해 주시기 바랍니다.

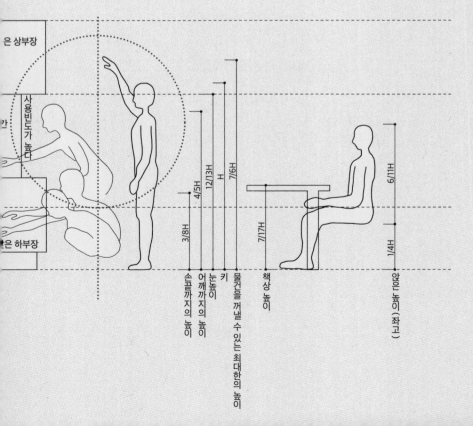

신체 척도가 어떻게 만들어지는지 복습해보자

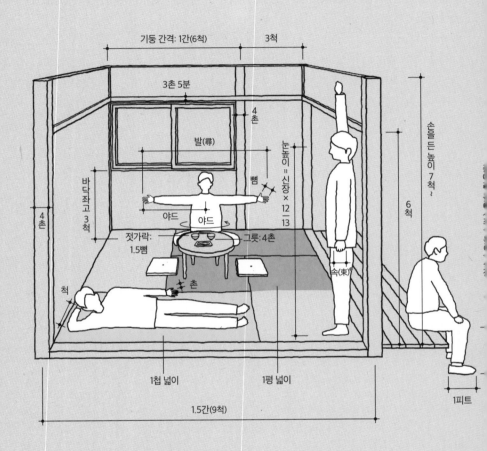

기둥 간격: 1간(6척) · 3척

3촌 5분

4촌

발(尋)

눈높이＝신장× $\frac{12}{13}$

손을 든 높이 7척~

6척

뼘

바닥 좌고 3척

야드 · 야드

4촌

젓가락: 1.5뼘 · 그릇: 4촌

속(束)

척 · 촌

1첩 넓이

1평 넓이

1피트

1.5간(9척)

• 네 손가락으로 쥔 정도의 길이. 우리나라에서는 짚, 장작, 채소 따위의 작은 묶음을 세는 단위로 쓰인다.

02

나의 신체 척도를
얼마나 알고 있을까?

01 자신의 신체 치수를 측정한다

1장에서 살펴본 대로 모든 생활 도구와 가구, 그리고 주택을 비롯한 건축물이 사람의 신체 치수에 기초하여 만들어집니다. 그러므로 사람이 사용할 가구 또는 사람이 거주할 건물을 설계하려면 인체의 치수와 동작을 먼저 알아야 합니다.

사람마다 체격과 키가 다양하지만, 일단은 자신의 키와 부위별 치수를 알아 둡시다. 괄호 안에 자신의 치수를 적어 보세요.

동양인 남성의 표준 체격

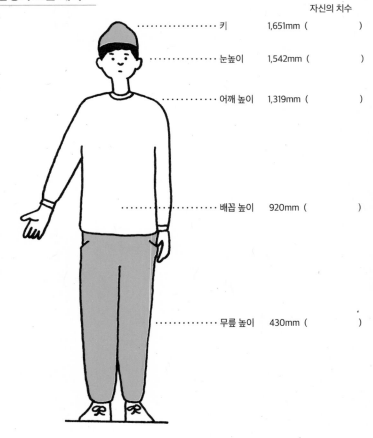

자신의 치수

키   1,651mm (   )

눈높이   1,542mm (   )

어깨 높이   1,319mm (   )

배꼽 높이   920mm (   )

무릎 높이   430mm (   )

자신의 신체 치수 알기

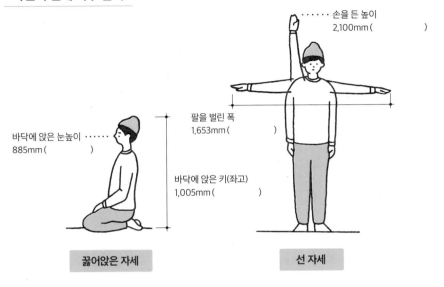

손을 든 높이
2,100mm (   )

바닥에 앉은 눈높이
885mm (   )

팔을 벌린 폭
1,653mm (   )

바닥에 앉은 키(좌고)
1,005mm (   )

꿇어앉은 자세

선 자세

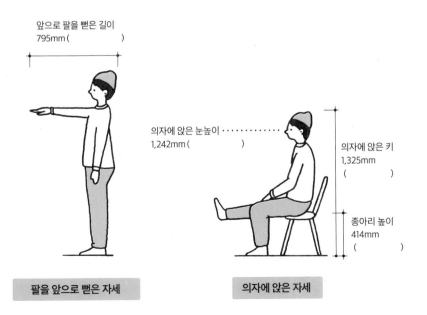

앞으로 팔을 뻗은 길이
795mm (   )

의자에 앉은 눈높이
1,242mm (   )

의자에 앉은 키
1,325mm
(   )

종아리 높이
414mm
(   )

팔을 앞으로 뻗은 자세

의자에 앉은 자세

• 위의 수치는 원서에 따른 표준 치수입니다.

02 몸은 언제 어디서나 쓸 수 있는 '잣대'

발 길이, 팔 길이, 손을 쫙 폈을 때 엄지와 검지의 간격 등은 아주 오래전부터 다양한 명칭으로 불리며 '간이 척도'로 쓰여 왔습니다.

평균 치수를 암기하는 것도 좋지만 우선은 자신의 치수를 측정하여 알아 둡시다. 신발 구입 등으로 자신의 발 치수를 모르는 사람은 없겠지만 손을 최대한 크게 벌렸을 때의 길이나 주먹의 폭 등도 알아 두면 편리합니다. 그러면 다양한 물건의 대략적 치수를 쉽게 파악할 수 있습니다.

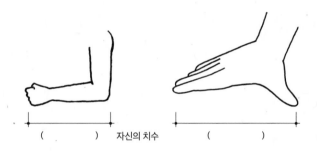

( ) 자신의 치수 ( )

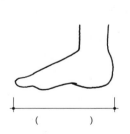

( )

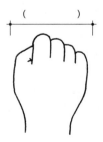

( )

( )

빨리 걸을 때	천천히 걸을 때

(   ) 자신의 치수   (   )

'보폭'도 거리를 편리하게 잴 수 있는 간이 척도입니다.

보행로 폭이나 주택의 창호 등 큰 시설의 치수를 알고 싶을 때 보폭을 활용할 수 있습니다. 우선 몇 번 걸어 보아 자신의 평균적인 보폭을 측정합시다. 천천히 걸을 때, 빨리 걸을 때의 보폭을 알아 두면 스케일감이 큰 공간을 마주쳤을 때 그곳의 치수를 대략 파악할 수 있습니다.

03 신체 척도를 기준 삼아 물건의 크기를 파악한다

침대나 욕조 등의 치수를 알고 싶을 경우 주변의 실제 침대나 욕조를 줄자로 재는 것도 괜찮지만 자신의 신체를 이용하여 다양한 가구와 기기의 치수를 재면서 스케일감을 익혀 봅시다.

　우선 침대를 고를 때는 자신의 키와 어깨 폭뿐만 아니라 뒤척이는 동작을 위한 여유 공간까지 감안해야 합니다. 대략적이긴 하지만, 침대의 세로는 자신의

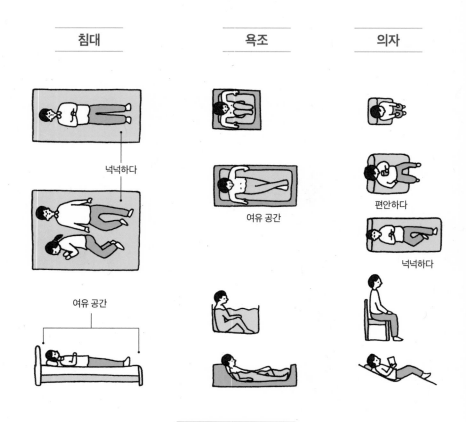

| 침대 | 욕조 | 의자 |

넉넉하다

여유 공간

여유 공간

편안하다

넉넉하다

몸보다 조금 더 크게

키에 위아래로 150mm씩 총 300mm를 더한 것보다 길어야 편안하고, 가로 폭은 어깨 폭의 2배 이상 되어야 여유롭게 뒤척일 수 있습니다. 따라서 싱글 사이즈의 폭은 어깨 폭의 2배인 약 1,000mm입니다.

욕조 폭은 자신의 어깨 폭보다 100mm 정도 길어야 하고, 일반적인 욕조의 경우 길이(L)와 깊이(D)를 더한 치수, 즉 L+D은 1,600~1,700mm가 되어야 합니다.

의자는 작업용이든 식탁용이든 상관없이 폭(W), 깊이(D), 좌석 높이(SH) 모두 약 400mm로 기억해 두면 됩니다. 단, 거실의 휴식용 소파는 치수가 침대와 비슷해져서 좌석 높이(SH)는 더 낮고 깊이(D)는 더 깊습니다. 그 외에 주방 조리대, 식탁 등의 치수도 측정해 봅시다.

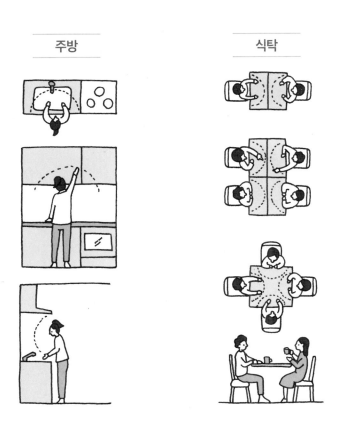

동작에 필요한 공간을 고려한다

'모듈러'라는 치수 시스템

코르뷔지에의 모듈러

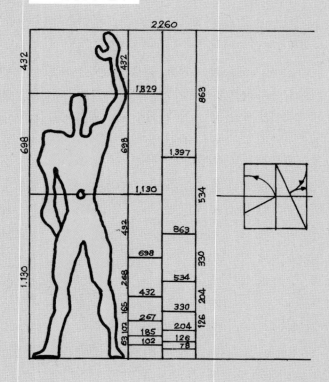

모듈러와 동작

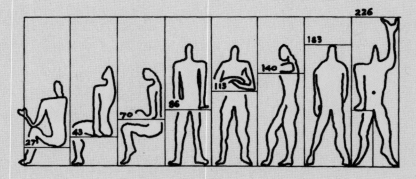

코르뷔지에가 모듈러를 실험하기 위해 지은 프랑스 카프마르탱의 집

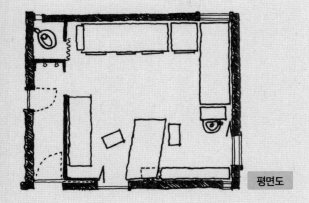

평면도

카프마르탱의 모듈러

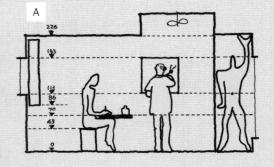

A

근대 건축의 3대 거장으로 꼽히는 르 코르뷔지에가 사람의 신체 비율로 공간을 설계하는 시스템을 제안했습니다. 그것이 '모듈러'입니다.

그 모듈러를 실제로 경험하려고 그가 지은 작은 집이 남프랑스의 카프마르탱에 남아 있습니다. 그림 A와 B는 모듈러를 다양한 생활 행동과 가구, 건물에 적용한 결과입니다. 이처럼 책상, 의자, 침대의 치수, 창과 천장 높이 등을 자신의 몸에 맞춰 설계한다면 스케일에 관한 중대한 실수를 방지할 수 있습니다.

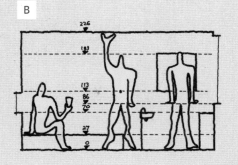

B

04 동양인의 키에 따라 달라지는 치수

동양인은 서양인과 체격과 생활 습관이 크게 다릅니다. 그래서 가구나 집의 형식과 치수도 판이하게 다를 수밖에 없습니다. 아래 그림은 코르뷔지에의 모듈러에 동양인의 체격과 생활 동작을 대입한 것입니다. 자신의 키, 부위별 치수와 이 그림의 수치를 비교해 보고, 우리의 일상적인 자세에 꼭 맞는 치수를 알아 둡시다.

　예를 들어 천장의 높이는 의자에 올라가서 전구를 교체할 수 있는 정도가 적당합니다. 또 창 높이는 허리에서 정수리 사이가 적당합니다.

동양인의 체격을 대입한 모듈러

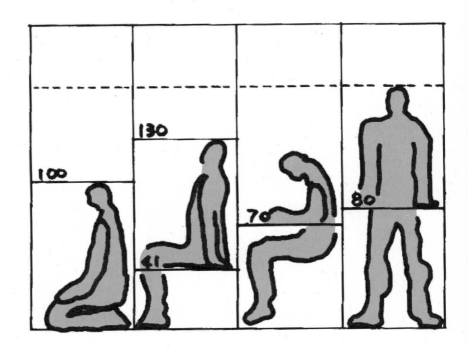

좌식 생활이 일반적인 환경이라면 꿇어앉거나 책상다리로 앉아서 쓰기 편한 좌탁이 필요합니다. 또 집 안에서 신발을 벗고 생활할 경우, 내부도 외부도 아닌 중간 영역인 툇마루가 다용도로 쓰입니다. 툇마루는 사람이 출입하거나 앉아서 쉬기에 편리한 높이여야 합니다. 또한 툇마루의 높이는 집을 습기로부터 보호해주는 역할도 합니다. 집이나 가구를 설계할 때는 이처럼 구체적인 용도와 사용자의 신체 치수를 함께 고려하는 것이 중요합니다.

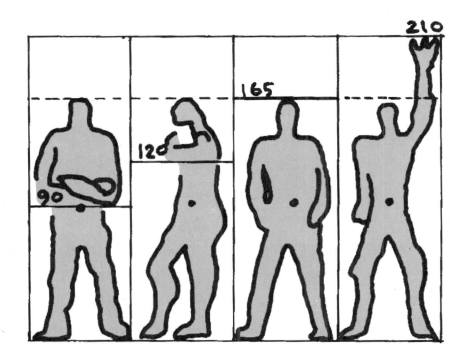

05 생활 동작과 가구 · 건물의 높이

앞서 설명한 모듈러를 참고하고 우리의 일상적 동작을 감안하여 가구와 건물의 높이를 어느 정도로 설계해야할지 살펴봅시다.

천장 높이는 의자에 올라가서 손이 닿을 정도

2,000mm + 420mm

천장은 높을수록 좋은 것이 아닙니다. 의자에 올라가서 천장을 손보려면 천장 높이가 그림과 같이 2,420mm 정도가 되어야 합니다.

배관
배선
점검

천장에 점검구가 있다면 배관, 배선 등을 수리할 수 있어야 합니다.

청소
관리

평소에는 천장을 손질할 일이 별로 없지만 페인트를 칠하거나 도배할 때는 손을 뻗어서 일해야 합니다.

손을 들었을 때의 높이

300mm

1,600~1,700mm

1,600~1,700mm + 300mm

상부장에서 물건을 꺼내거나 벽에 설치한 전등(브래킷)의 전구를 교체하려면 손을 위로 뻗어야 합니다. 따라서 상부장 등은 손이 닿는 1,900~2,000mm 높이로 설치하는 것이 좋습니다.

낮은 천장

거실이 아닌 화장실이나 욕실 등은 천장이 낮아도 괜찮습니다.

높은 선반

손을 위로 뻗어야 물건을 꺼낼 수 있는 선반에는 자주 사용하지 않는 물건을 수납합니다.

통풍창 개폐

문 위에 통풍창을 달 경우에도 손을 뻗었을 때 닿는 높이에 창문을 설치합니다.

키에 따라 치수가 정해지는 것

1,600~1,700mm

출입구는 사람의 키에 따라 치수를 정하는 게 당연합니다. 출입구 높이는 일반인의 평균 키 + α이므로 약 1,800mm가 되겠지요. [다만 최근에는 동양인도 체격이 좋아져서 출입구를 2,100~2,200mm 높이로 제작하는 경우가 많습니다(-감수자).]

1,600~1,700mm

천장에 매다는 펜던트 조명의 높이

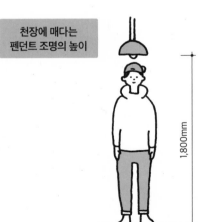

1,800mm

상부장이나 천장 펜던트 조명의 높이는 약 1,800mm.

출입구

900mm

1,800~1,900mm

출입구 높이는 사람의 키 + 200mm = 1,800~1,900mm 정도. 베니어합판 한 장과 같은 치수입니다.

눈높이에 따라 치수가 정해지는 것

1,500mm

창은 채광과 통풍 역할을 하는 동시에 실내에서 바깥 풍경을 볼 수 있도록 만드는 장치입니다. 조망용 고정창은 밖이 잘 내다보이는 눈높이에 맞추어 설치해야 합니다.

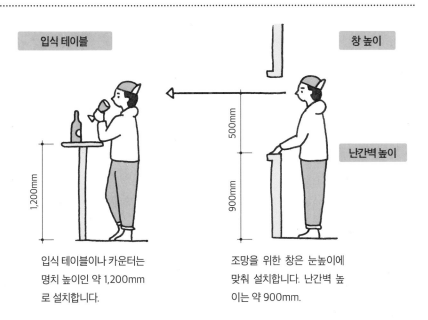

입식 테이블

창 높이

난간벽 높이

입식 테이블이나 카운터는 명치 높이인 약 1,200mm로 설치합니다.

조망을 위한 창은 눈높이에 맞춰 설치합니다. 난간벽 높이는 약 900mm.

허리 높이에 따라 치수가 정해지는 것

850mm + 650mm

주로 허리를 구부린 상태로 작업하는 주방 조리대와 개수대는 너무 낮거나 너무 높으면 일하는 데 힘이 많이 들고 허리에 부담이 갑니다.

세면대

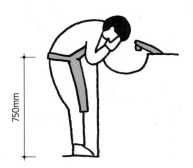

얼굴을 씻으려면 허리를 구부려야 하므로 세면대 높이는 허리보다 낮은 750mm 정도가 적당합니다.

주방 조리대

조리대 높이는 키의 절반인 850mm 정도가 적당합니다.

의자에 앉은 높이

400mm + 300mm

현대인은 긴 시간을 의자에 앉아서 생활합니다. 식사, 공부, 독서를 할 때는 의자에 앉아 있고 용변을 볼 때는 변기에 앉아 있습니다. 모든 좌석은 무릎 높이로 맞추면 됩니다.

300mm
400mm

음식을 먹는다   **글을 쓴다**

300mm
350mm

다과용 테이블이라면 조금 낮은 500~600mm도 괜찮습니다.

식사하거나 글을 쓰는 테이블은 650~700mm 높이가 적당합니다.

바닥에 앉는다(책상다리)

0mm

바닥에 꿇어앉거나 책상다리로 앉았을 때의 좌석 높이는 0mm입니다. 그 위에서 앉고 눕는 행위를 자연스럽게 할 수 있습니다.

다도, 요리, 꽃꽂이, 서예 등

차를 마신다

400mm

다도나 꽃꽂이 등을 할 때 간혹 바닥에서 하는 경우도 있습니다.

바닥에 책상다리로 앉는 것이 편하다는 사람도 적지 않습니다. 좌탁 높이는 400mm 정도가 적당합니다.

툇마루에 앉는다

450mm

전통 가옥에는 실외도 실내도 아닌 중간 지대, 즉 툇마루가 있으므로 여기서 계절마다 다양한 생활을 즐길 수 있습니다. 또한 툇마루는 휴식하는 장소, 손님을 맞는 장소도 됩니다. 전통 가옥의 바닥 높이가 툇마루와 동일한 450mm인 것도 툇마루에서 보내는 시간이 많기 때문입니다.

툇마루에서 쉰다

툇마루 높이는 의자 좌석 높이와 비슷한 약 400mm입니다. 툇마루가 너무 높다면 아래에 디딤돌을 놓아 높이를 조정합니다.

신발을 신는다

신발을 편하게 신고 벗을 수 있는 툇마루 및 현관의 단차는 250mm 정도입니다.

06 '앉는' 자세에 따라 면적이 정해지는 공간

우리의 일상을 관찰해 보면 앉아서 지내는 시간이 대부분임을 알 수 있습니다. 그러므로 식사를 하고 공부를 하고 컴퓨터로 뭔가를 검색하고 화장과 독서를 할 때 쓰는 테이블과 의자가 무척 중요합니다. 자주 쓰는 테이블과 의자일수록 몸에 꼭 맞는 크기여야 합니다.

식탁용 의자나 책상용 의자는 치수가 거의 비슷하지만, 거실에서 편히 쉬기 위한 소파라면 좌석 깊이나 등받이 각도에 주의해야 합니다. 의자의 탄력성, 소재의 감촉도 중요합니다.

위에서 본 '앉는' 자세

옆에서 본 '앉는' 자세

생활 속의 '앉는' 행위

공부한다

테이블에 기대는 자세

식사한다

쉰다

좌석 길이는 길어지고
등받이 각도는 완만해진다.

배변한다

거울

화장한다

책을 읽거나 컴퓨터로
작업을 한다.

06 앉는다

❶ 화장하는 공간

신체 치수와 동작 공간에 따라 달라지는 화장대와 의자 치수

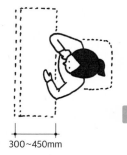

평면

300~450mm

주어진 조건

⇒ 배우자와 방을 같이 쓸 때

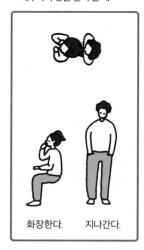

화장한다. 지나간다.

측면

여성에게 화장하는 공간은 매우 중요합니다. 일하는 여성이라면 화장대 앞에서 가끔 컴퓨터로 작업도 할 것입니다.

그러나 주로 침실에 배치되므로 침대, 옷장에 밀려서 충분한 공간을 확보하지 못할 때가 많습니다. 그래도 중요한 공간이니만큼 다음을 참조해 최소한의 공간을 마련해야 합니다.

사람이 몸을 돌려 지나갈 수
있는 공간을 등 뒤에 확보한다.

화장대

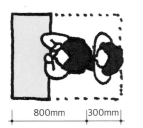

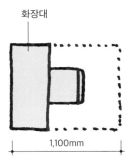

800mm   300mm

1,100mm

사람이 지나갈 공간이 필요하다.

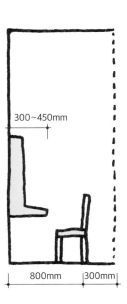

300~450mm

800mm   300mm

800mm   300mm

06 앉는다

❷ 공부하는 공간

신체 치수와 동작 공간에 따라 달라지는 책상과 의자 치수

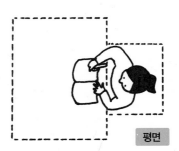

평면

주어진 조건

⇒ 두 명이 나란히 앉아 공부할 때

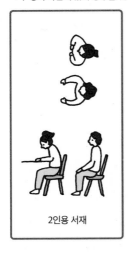

2인용 서재

측면

공부방이란 주로 아이 방이나 서재일 것입니다. 일하는 아버지의 서재보다 아이 방을 크게 만드는 사람도 많은데 그만큼 아이가 훌륭하게 자라기를 바라는 마음이 크기 때문입니다. 그러나 이 책에서 소개할 것은 작은 서재입니다.

요즘은 공부방에서 '읽고 쓰는' 기본적인 동작 외에 컴퓨터 작업도 이루어진다는 사실에 주의해야 합니다. 그래도 독서나 일에 집중하려면 너무 넓지도 좁지도 않은 휴먼 스케일의 공간이 필요합니다.

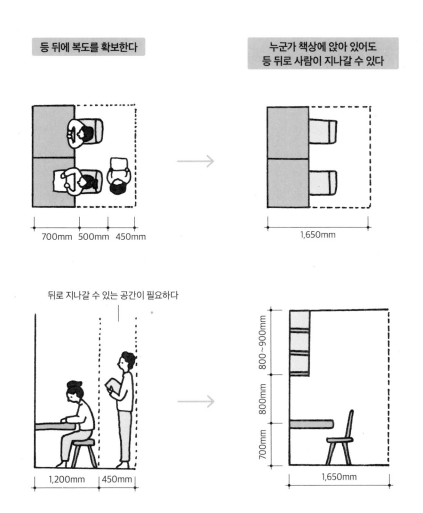

등 뒤에 복도를 확보한다

누군가 책상에 앉아 있어도
등 뒤로 사람이 지나갈 수 있다

700mm 500mm 450mm

1,650mm

뒤로 지나갈 수 있는 공간이 필요하다

800~900mm

800mm

700mm

1,200mm 450mm

1,650mm

사실 공부방은 설계 초기에는 포함되었다가 나중에 우선순위에서 밀려 빠지
는 경우가 많습니다. 그럴 때는 작은 복도의 막다른 곳이나 계단실 한구석에 테
이블과 의자, 책장을 놓아 봅시다. 작고 소박해도 좋으니 혼자 편하게 쓸 수 있
는 공간을 만드는 것입니다.

06 앉는다

❸ 식사하는 공간

신체 치수와 동작 공간에 따른 식탁과 의자 치수

주어진 조건

⇒ 4인용 식탁과 식사 공간

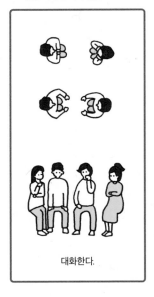

대화한다.

평면

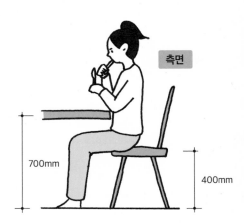

측면

700mm

400mm

가족의 생활에서 식사 공간은 매우 중요한 공간입니다. 식사는 물론 가족이 한 자리에 모여 대화를 나누는 곳이기도 하기 때문입니다.

거실보다 식탁 앞에서 더 많은 시간을 함께 보내는 가족이 많으므로 식사 공간은 가족 간의 대화를 활성화하고 유대를 강화하는 데 큰 역할을 합니다. 식사와 가족 간의 대화, 그리고 주방의 조리 작업을 거드는 기능까지 담당하므로 가족의 생활과 가장 밀접한 공간이라고 할 수 있습니다.

주변에 움직일 수 있는 공간을 확보한 기본적인 식사 공간

4인용 식당

→

사람이 식탁 주변을 편하게 지나다니는 데 필요한 면적

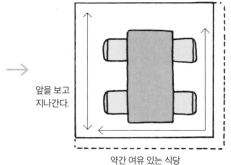

앞을 보고
지나간다.

몸을 돌려
지나간다.

약간 여유 있는 식당

조금 비좁은 넓이

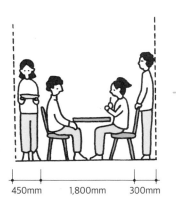

450mm   1,800mm   300mm

→

식당의 표준 면적

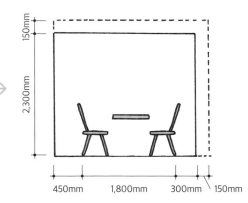

150mm

2,300mm

450mm   1,800mm   300mm   150mm

07 '눕는' 자세에 따라 면적이 정해지는 공간

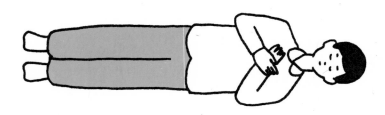

위에서 본 '눕는' 자세

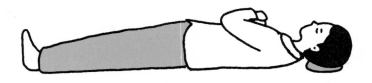

옆에서 본 '눕는' 자세

'눕는' 자세는 신체적으로나 정신적으로나 가장 편안한 자세입니다. 사람은 잠잘 때뿐만 아니라 병에 걸렸을 때도 누워 지냅니다. 눕는 자세를 취할 때 몸이 가장 편안하기 때문입니다. 다시 말해 눕는 자세는 인간이 에너지를 가장 적게 소모하는 자세라고도 할 수 있습니다.

　일상에서는 바닥과 수평을 이루는 눕는 자세뿐만 아니라 상반신을 살짝 일으킨 자세도 종종 취하게 됩니다. 이 자세가 매우 편하기 때문에 침대에 누울 여

일상 속의 다양한 '눕는' 행위

잔다

몸져눕는다

쉰다

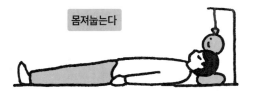

흔들의자, 안락의자

입욕한다

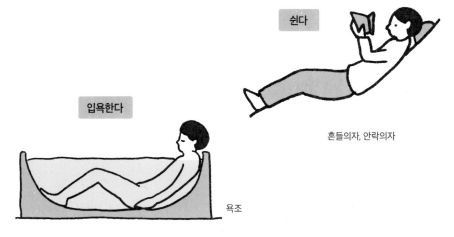

욕조

유는 없지만 잠시 눈을 붙이고 싶을 때, 편하게 책을 읽고 싶을 때 소파를 자주 이용합니다.

또 우리는 입욕할 때도 '눕는' 자세를 취합니다. 특히 양식 욕조 안에 몸을 쭉 펴고 누우면 몸이 깨끗해질 뿐만 아니라 심신이 이완되어 피로가 풀립니다.

눕는다

❶ 침대의 크기

잠잘 때의 동작·행위

주어진 조건

⇒ 혼자 잘 때

⇒ 둘이 잘 때

침대

요

침대의 크기, 즉 스케일은 어떻게 정해질까요?

우선은 키와 어깨너비를 생각해야 합니다. 사람은 자면서도 계속 몸을 움직입니다. 이 뒤척이는 잠버릇은 사람마다 달라 동작의 범위가 제각각이지만, 모든 사람의 잠버릇에 맞추어 침대를 제작할 수는 없습니다. 그래서 기성 침대는 일반적인 경우를 상정하여 만들어집니다. 침대 사이즈 규격은 1인용인 싱글, 2인용인 더블, 체격 좋은 사람을 위한 퀸, 그보다 더 큰 킹 등이 있습니다.

기성 침대는 대부분 평균 신장+300mm의 길이와 어깨너비×2의 폭으로 만들어집니다.

침대 치수

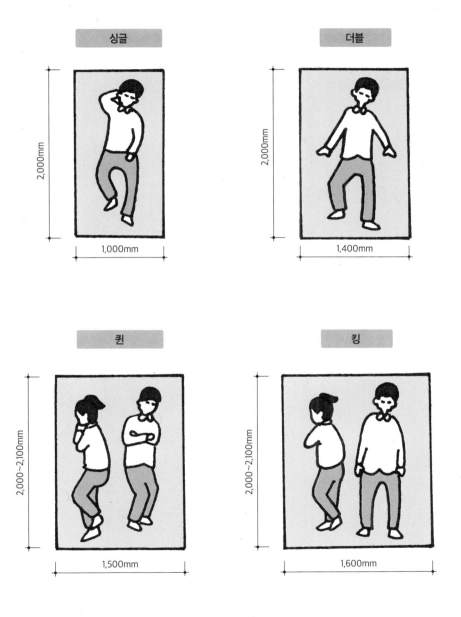

싱글
2,000mm
1,000mm

더블
2,000mm
1,400mm

퀸
2,000~2,100mm
1,500mm

킹
2,000~2,100mm
1,600mm

07 눕는다

❷ 욕조의 크기

입욕할 때의 동작·행위

우리는 입욕할 때도 '눕는' 자세를 취합니다. 입욕은 위생과 건강에 좋은 효과를 미칠 뿐만 아니라 심신의 피로를 푸는 중요한 역할을 합니다. 더운물이 귀하던 시절에는 몸 전체가 효율적으로 잠길 수 있는 형태의 재래식 욕조가 주로 쓰였고, 현대에는 편히 쉴 수 있는 양식 욕조가 주로 쓰입니다.

재래식 욕조는 목욕통처럼 깊은 형태여서 다리를 구부리고 앉아 있어야 합니다.

주어진 조건

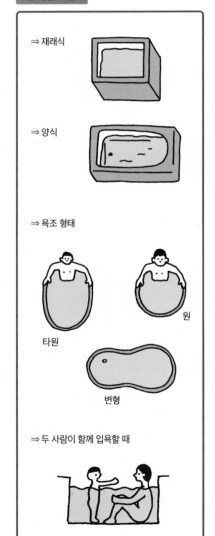

⇒ 재래식

⇒ 양식

⇒ 욕조 형태

타원   원

변형

⇒ 두 사람이 함께 입욕할 때

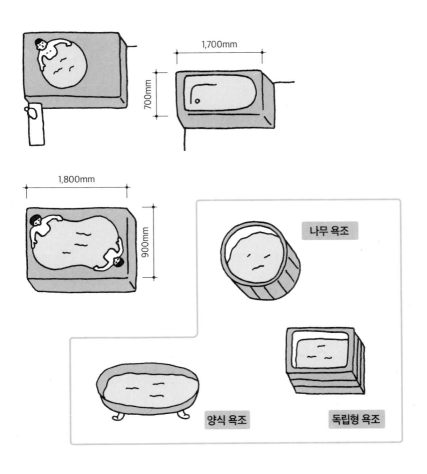

1,700mm

700mm

1,800mm

900mm

나무 욕조

양식 욕조

독립형 욕조

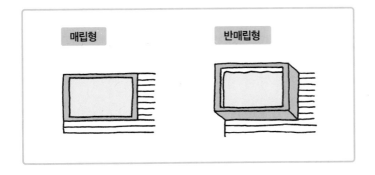

매립형

반매립형

08 '서는' 자세에 따라 높이가 정해지는 공간

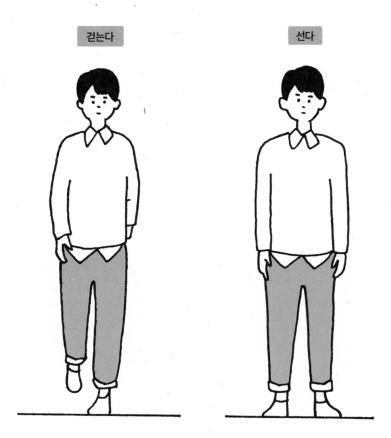

걷는다

선다

'서는' 자세에 따라 정해지는 치수란 대개 공간의 높이일 것입니다.

출입구 높이와 창문 높이도 중요하지만, 조리 기구나 작업대의 높이는 피로도 및 작업 효율에 큰 영향을 미치므로 더욱 신중하게 결정해야 합니다. 천장 높이도 중요합니다. 천장이 높으면 개방감이 느껴지지만 너무 높아도 공간에 안정감이 없습니다. 반면에 천장이 너무 낮으면 답답합니다. 이처럼 방의 면적과 천장 높이는 매우 중요하므로, 어디선가 쾌적하게 느껴지는 공간을 발견했다면 그곳의 치수를 측정하고 기록하여 스케일감을 익히기 바랍니다.

일상 속의 다양한 '서는' 행위

조리한다

지나간다

수납한다

계단을 오른다

단을 오른다

08 선다

❶ 조리 기구를 보관할 수납장의 크기

주방 작업의 동작·행위

주어진 조건

체격 좋은 사람

⇒ 체격에 따라 높이 조정

사용자 수
⇒ 한 명인지 여러 명인지

주방에서는 선 채로 조리, 설거지, 식기 및 조리 기구 수납 등 강도 높은 작업을 합니다. 그러므로 조리 기구의 형태에 따른 적절한 배치를 통해 작업의 효율성을 높여야 합니다. 특히 개수대나 레인지 등이 너무 높거나 낮으면 피로와 요통 등을 유발하므로 되도록이면 주 사용자의 신체 치수에 맞는 높이로 만들어야 합니다.

주방의 깊이

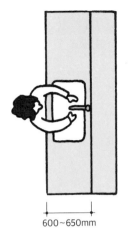

600~650mm

주방의 작업 범위

작업 범위

조리대 높이는 키의 절반

주방 높이

상부장

조명, 눈에 빛이
직접 닿지 않는 높이

2,100mm

850mm

수납장 높이

2,200~2,500mm
작고 가벼운 물건

2,000mm

1,600mm

1,400mm

600mm

크고 무거운 물건

❷ 창호와 난간의 높이

서서 하는 동작·행위

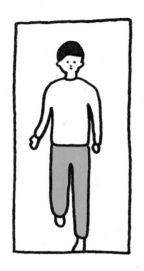

고려해야 할 것

안전한 난간

운반할 물건의 크기

통풍, 채광

조망

개폐 방식

출입문은 사람만 드나드는 것이 아니라 가구 등 물건도 드나들어야 하므로 그것까지 고려하여 적당한 치수로 문을 설계해야 합니다.

　창은 바깥 풍경을 조망하거나 빛과 신선한 바람을 받아들이기 위한 중요한 장치입니다. 그러므로 창과 창밖 베란다 난간 등을 설계할 때는 개폐 편의성, 안전성과 신체 치수를 동시에 고려해야 합니다.

조망용 고정창

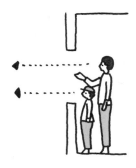

대형 가구 등의 운반

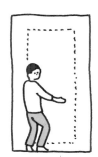

채광, 통풍, 환기

계단, 천장, 난간의 높이

사생활 확보와 통풍, 환기

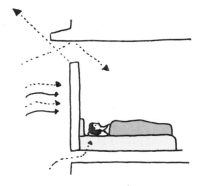

의자의 법칙

좌석과 등받이, 다리 길이의 관계

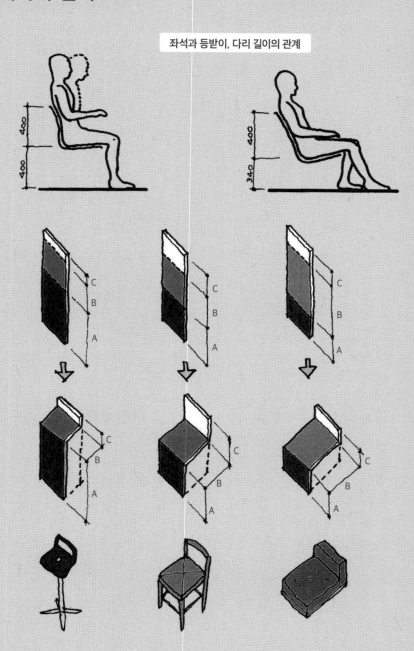

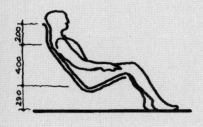

의자는 '다리, 좌석, 등받이'의 세 가지 요소로 구성됩니다. 그런데 흥미롭게도 기본적인 형태의 의자일 경우 이 세 치수 사이에 일정한 법칙이 성립됩니다. 좌석 높이를 (A), 좌석 깊이를 (B), 등받이 높이를 (C)라고 하면

항상 A+B+C = 1,200~1,300mm가 됩니다.

취침용 의자에도 종종 이 법칙이 적용됩니다. 다만 좀 더 편히 쉴 수 있는 대형 취침 의자는 수평 침대에 가까우므로 예외입니다.

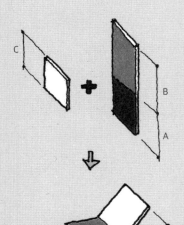

의자의 법칙

A + B + C = 1,200~1,300mm

09 가구, 기기와 방 사이의 여유 공간

방의 면적은 그 방의 용도와 생활하는 사람 수, 그리고 필요한 가구 등의 크기로 결정됩니다.

화장실 내 동작과 기기의 관계

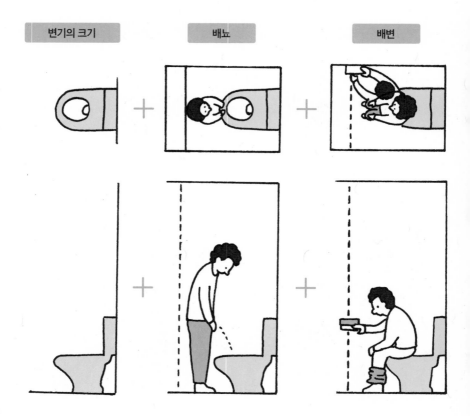

변기의 크기 + 배뇨 + 배변

화장실의 면적

화장실에는 변기를 설치할 공간뿐만 아니라 공사와 청소·관리를 하기 위한 변기 주변 공간, 그리고 용변을 보기 위한 동작 공간, 즉 '여백'이 필요합니다.

자신의 신체 치수를 감안하고 자신이 가구나 기기를 실제로 쓰는 장면을 상상하면서 그 '여백'을 포함한 전체 화장실의 크기를 생각해야 합니다.

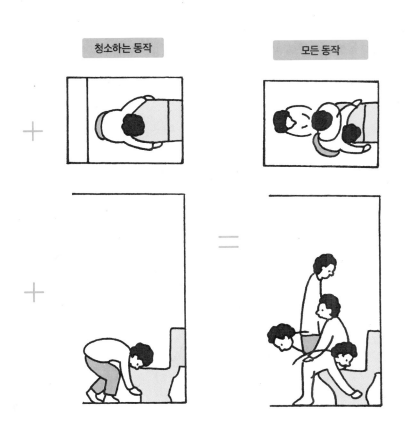

청소하는 동작

모든 동작

침실의 면적

요즘은 침대를 사용하는 사람이 많습니다. 침대가 들어가는 방에는 침대를 둘 공간 외에 침대를 정돈하거나 청소를 하기 위한 여유 공간도 필요합니다. 다양한 동작이 어떤 자세로 이루어지는지 구체적으로 검토하여 침실 공간을 설계해야 합니다.

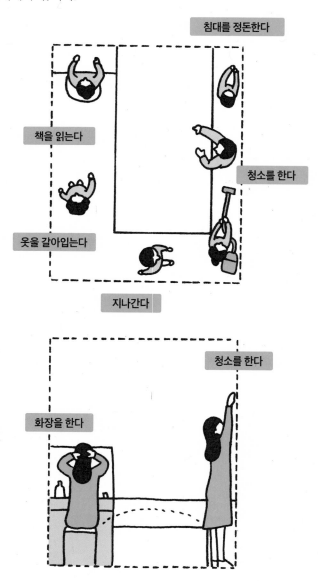

침대를 정돈한다

책을 읽는다

청소를 한다

옷을 갈아입는다

지나간다

청소를 한다

화장을 한다

침실의 예

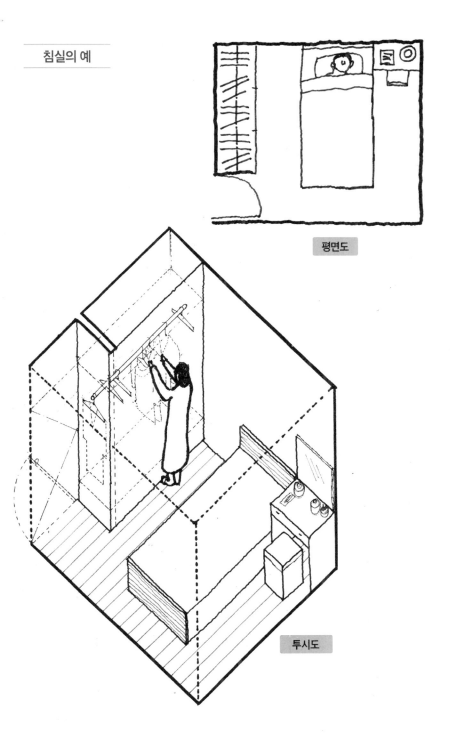

평면도

투시도

10 주택의 높이는 동작과 구조로 결정된다

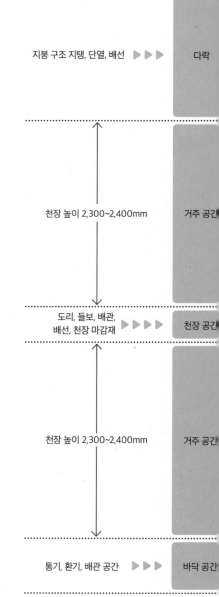

지붕 구조 지탱, 단열, 배선 ▶▶▶	다락
천장 높이 2,300~2,400mm	거주 공간
도리, 들보, 배관, 배선, 천장 마감재 ▶▶▶▶	천장 공간
천장 높이 2,300~2,400mm	거주 공간
통기, 환기, 배관 공간 ▶▶▶	바닥 공간

다락

지붕을 지탱하는 나무 구조를 다락이라 합니다. 빗물을 받아내기 위한 경사 지붕 등 넓은 면과 기와의 중량을 지탱하기 위해 꼭 필요한 공간입니다.●

거주 공간

거주 공간의 천장은 큰 방일수록 높고 작은 방은 다소 낮은 경향이 있습니다. 앞서 말했다시피 일반적인 주택의 천장 높이는 의자에 서서 손이 닿는 높이인 약 2,400mm입니다(40쪽 참조).

천장 공간

아래층 천장 위에서 위층 바닥 밑까지의 빈 공간인 '천장 공간'은 위층 바닥을 지탱하는 들보와 도리(횡목) 등이 설치되어 있어 구조상 꼭 필요한 곳입니다. 위층 바닥과 들보 등의 구조재를 가리기 위해 아래층 천장에는 마감재를 덮습니다. 이곳은 조명 기구, 에어컨, 환기팬 등을 매립하고 전기 배선 및 다양한 배관이 지나가는 공간으로도 이용됩니다.

바닥 공간

일본은 목조 주택이 다수를 이룬다. 일본 목조 주택의 가장 큰 특징은 바닥 높이와 다락 구조에 있습니다. 주택의 바닥 밑에 빈 공간을 두는 것은 통풍과 환기를 촉진하여 고온다습한 기후 속에서 쾌적함을 유지하기 위해서입니다. 또 실내에서 신발을 벗고 생활하므로, 툇마루 등은 대개 앉기 편한 450mm 높이로 만들어집니다.

● 우리나라 한옥의 다락은 부엌 윗쪽을 천장으로 막아 만든 공간으로 주로 거주공간이기보다는 수납공간으로 활용되던 공간이다. 현재 건축법상으로는 높이1.5m(경사지붕은 평균 1.8m높이) 이하의 공간을 다락으로 규정하고 있다(- 감수자).

당연한 말이지만 건물은 3차원이므로 면적과 높이를 함께 고려해야 쾌적한 공간을 설계할 수 있습니다. 여기서는 일본인에게 가장 친숙한 목조 주택의 공간별 높이와 그 역할에 대해 설명하겠습니다.

다락

600

900

900

2100

2400

천장 공간

300 ~ 450

300

1650

2400

1800

450

450

바닥 공간

GL±0

자동차 길이는 몇 사람이 팔 벌린 만큼인가?

매일 타고 다니면서도 자신의 자동차가 얼마나 큰지 아는 사람은 별로 없습니다. 자동차가 들어가지 않는 차고, 겨우 들어가긴 하지만 문이 열리지 않아 사람이 내릴 수 없는 차고를 설계하는 사람이 간혹 있는데, 자동차의 크기를 모르기 때문에 실수하는 것입니다. 신체 치수를 잘 몰라서 사람이 출입할 수 없는 화장실을 설계하는 것과 마찬가지입니다.

일반적인 승용차의 폭은 엄마가 양팔을 크게 벌린 길이인 약 1,600mm이고 길이는 '아빠와 엄마, 아이가 팔을 크게 벌리고 손을 맞잡은 길이인 약 4,300mm라고 알아 두시기 바랍니다.

\<가족의 키\>
아빠의 키: 1,700~1,750mm
엄마의 키: 1,600~1,650mm
자녀의 키: 900~1,000mm

단, 차고는 차 문을 여닫거나 짐을 옮길 것을 감안하여 차 크기보다 한 단계 또는 두 단계 크게 만들어야 한다는 것도 기억하시기 바랍니다.

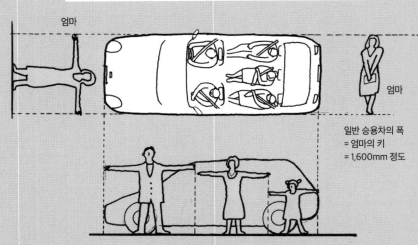

일반 승용차의 길이 = (아빠) + (엄마) + (자녀)의 키 = 4,300mm 정도

엄마

엄마

일반 승용차의 폭
= 엄마의 키
= 1,600mm 정도

차체의 크기

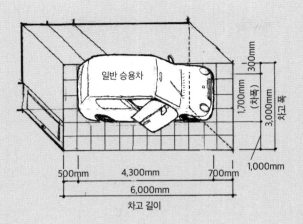

일반 승용차

300mm
1,700mm (차폭)
3,000mm
차고 폭
1,000mm

500mm   4,300mm   700mm
6,000mm
차고 길이

양쪽 문 개폐형 차고 크기

600mm
≒5,800mm
≒4,300mm
900mm

600mm   ≒1,600mm   900mm
≒3,100mm

한쪽 문 개폐형 차고 크기

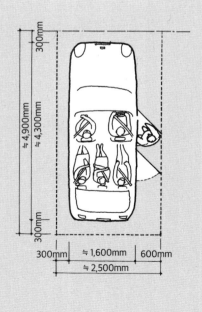

300mm
≒4,900mm
≒4,300mm
300mm

300mm   ≒1,600mm   600mm
≒2,500mm

공간 숙어를 구사하여
주택을 설계한다

01 현관을 설계하는 과정

'현관'은 매일 출퇴근이나 등하교할 때뿐만 아니라 배달 물품을 받고 손님을 응대하는 등 일상생활에서 다양한 용도로 빈번하게 사용되는 곳입니다. 현관은 또한 집을 찾아온 손님이 처음으로 발을 디디는 곳으로, 집과 주인에 대한 첫인상을 좌우하기도 합니다. 그러므로 현관은 기능적으로 충실하면서도 접객에 필요한 격식을 갖추어야 합니다. 또한 집에 걸맞은 면적과 물건을 깔끔하게 수납할 수 있는 수납공간도 필요합니다.

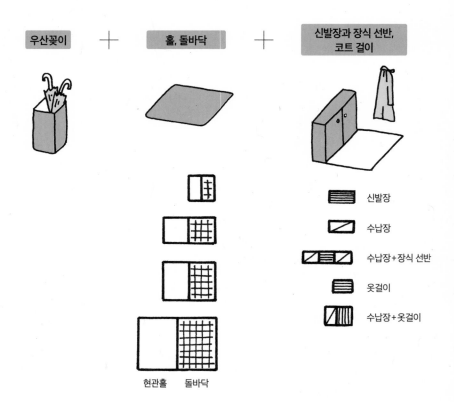

우산꽂이 ╋ 홀, 돌바닥 ╋ 신발장과 장식 선반, 코트 걸이

현관홀　돌바닥

신발장
수납장
수납장+장식 선반
옷걸이
수납장+옷걸이

현관에 수납해야 할 물품은 무엇일까요? 우선 신발장이 필요합니다. 신발장 크기는 가족 수와 가족 각자가 소유한 신발 수에 따라 달라질 것입니다. 또 비오는 날에 젖은 우산과 우비를 잠시 보관할 곳, 골프백이나 스케이트보드 같은 레저용품을 수납할 곳도 있으면 편리합니다.

현관의 면적은 가족 수를 고려하여 결정합니다. 그러기 위해 자신이 현재 살고 있거나 전에 살았던 집의 현관이 좁은지 넓은지를 생각해 보고, 실제로 현관에서 어떤 동작이 이루어지는지 떠올려 봅시다. 그 동작에 필요한 면적과 수납 공간을 계획하고 갖추는 일이 바로 설계입니다.

동작·행위

인사, 접객

신발 갈아 신기

배달 물품 받기

코트 입고 벗기

출입

선택사항

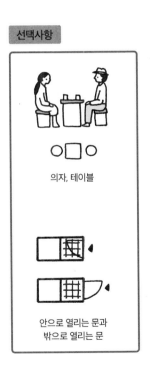

의자, 테이블

안으로 열리는 문과
밖으로 열리는 문

'현관'의 공간 숙어

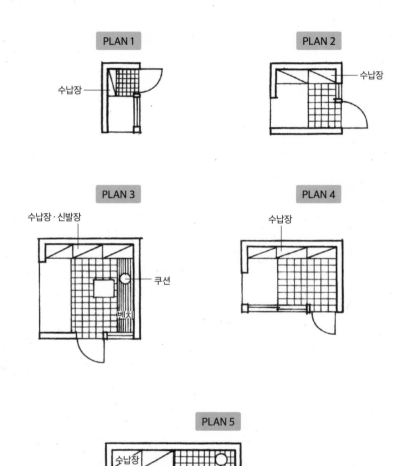

PLAN 1
수납장

PLAN 2
수납장

PLAN 3
수납장 · 신발장
쿠션
벤치

PLAN 4
수납장

PLAN 5
수납장
응접세트

S=1:100

PLAN 4의 투시도

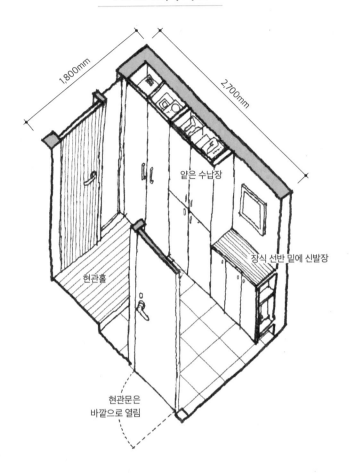

1,800mm

2,700mm

얕은 수납장

장식 선반 밑에 신발장

현관홀

현관문은
바깥으로 열림

지금까지 설명한 대로 몇 가지 조건을 반영하여 현관을 다양하게 설계해 보았습니다.

PLAN 3에서는 돌바닥에 벤치와 테이블을 두었고 PLAN 4와 같은 일반적인 현관에는 얕은 수납장을 설치했습니다.

PLAN 5에서는 현관에 작은 테이블과 의자로 이루어진 응접 코너를 만들었습니다. 이렇게 하면 손님을 간단히 접대하거나 서류에 서명하기 편리할 뿐만 아니라 집에 대한 첫인상이 좋아집니다. 현관의 단차는 가족의 현재와 미래 생활을 생각하면서 판단하면 됩니다.

02 거실을 설계하는 과정

거실은 주방, 식당과 함께 집 안에서 가장 중요한 공간으로 꼽힙니다. 거실은 온 가족의 공용 공간으로, 가족이 대화를 나누고 손님을 대접하는 곳이면서 TV를 보고 음악을 감상하는 곳이기도 합니다. 예전에는 가족이 화로나 난로를 둘러 싸고 앉아 대화를 나눴지만 지금은 그 자리를 TV가 차지해 버렸다는 말도 들립니다. 그러므로 가족의 대화를 중시하는 사람이라면 'TV 없는 거실'도 검토할 만합니다.

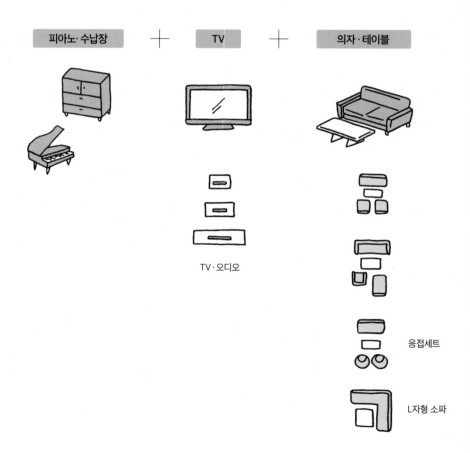

피아노·수납장 ＋ TV ＋ 의자·테이블

TV·오디오

응접세트

L자형 소파

거실에 기본적으로 필요한 가구는 응접세트인데, 더 편히 앉아 쉴 수 있고 간이침대로도 활용할 수 있는 붙박이 소파를 두어도 좋습니다. 음악 감상이나 TV 시청이 취미인 사람에게는 일인용 리클라이너가 편리합니다. 그 외에 TV와 TV 받침을 겸한 수납 가구가 필요하며, 일부 가정에서는 피아노와 오르간 등을 두기도 합니다.

가족이 함께할 시간을 TV에 빼앗겼다고 생각한다면 거실에 난로 등을 설치하여 그 주변에서 새로운 대화의 장을 열어도 좋을 것입니다. 불꽃은 사람을 매료하는 힘이 있습니다. 타오르는 불꽃을 함께 보고 있으면 마음이 차분해져서 대화 분위기도 화기애애해질 것입니다.

동작·행위

휴식

대화

TV 시청, 음악 감상

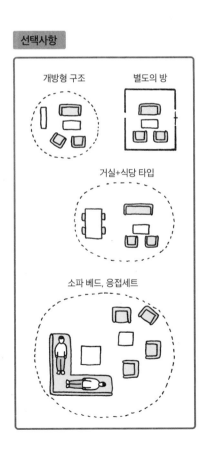

선택사항

개방형 구조

별도의 방

거실+식당 타입

소파 베드, 응접세트

'거실'의 공간 숙어

PLAN 1

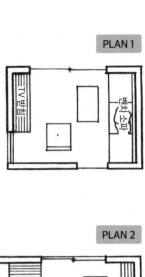

PLAN 4

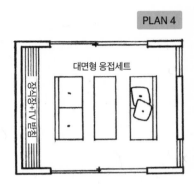

PLAN 2

PLAN 5

PLAN 3

S=1:100

PLAN 3의 투시도

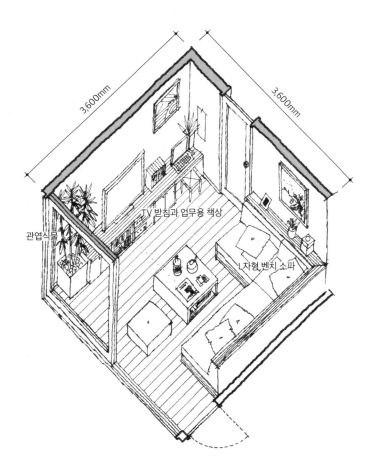

관엽식물

TV 받침과 업무용 책상

L자형 벤치 소파

거실의 의자와 테이블 배치도 매우 중요한데, 일상의 어떤 행위를 중시하느냐에 따라 유형을 선택하면 됩니다. 접객과 가족 간의 대화를 중시한다면 PLAN 4처럼 대면형으로 배치하고, 마주 보고 이야기하기가 부담스럽다면 PLAN 2~3처럼 의자를 L자형으로 배치하는 식입니다.

참고로 사람은 본능적으로 벽을 등지고 앉아야 마음이 안정된다고 합니다. 또 벽에 붙박이로 설치된 소파는 의자는 물론 낮잠용 벤치 소파나 손님용 간이침대로도 쓸 수 있는 다목적 기능성 가구입니다.

03 주방을 설계하는 과정

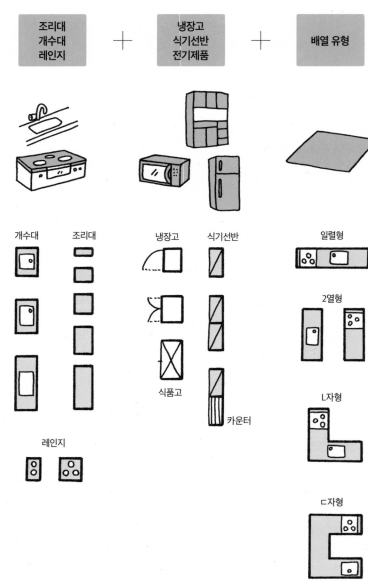

| 조리대 개수대 레인지 | + | 냉장고 식기선반 전기제품 | + | 배열 유형 |

개수대　　조리대

냉장고　　식기선반

일렬형

2열형

식품고

카운터

L자형

레인지

ㄷ자형

'주방'은 가족의 식생활을 위한 식기류와 조리 기구가 가장 많이 보관되어 있는 곳입니다. 사용 빈도 역시 높은 공간이므로, 가사 노동을 줄이기 위해 기기를 신중하게 배치하고 작업 동선을 꼼꼼하게 설계해야 합니다.

제일 먼저 배치해야 할 것은 조리대, 개수대, 레인지입니다. 냉장고와 식기 수납장도 필요합니다. 그 외에 전기밥솥, 전자레인지, 토스터 등을 둘 곳도 정해야 합니다.

이때 음식을 조리하는 순서에 따라 기기를 배치하는 것이 중요합니다. 그래야 식재료를 씻고 다듬고 조리하여 담아내는 일련의 행위가 원활하게 이루어질 수 있습니다.

효율적인 작업 순서

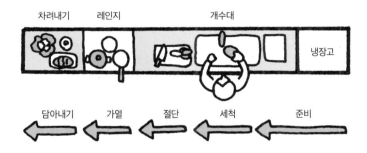

효율적인 동선

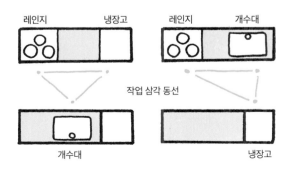

작업 삼각 동선의 총 길이가 짧을수록 작업 효율이 높다

주방용품의 치수

주방의 기본 동작

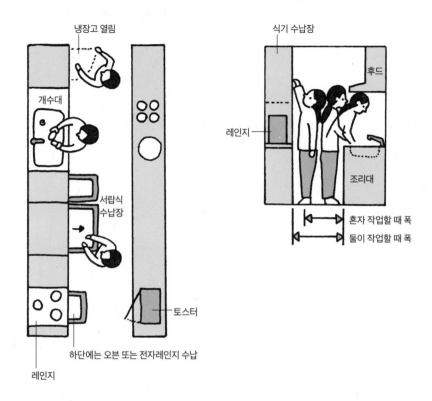

작업 효율을 위해 조리 순서에 맞게 기기를 배치해야 한다고 말했는데, 사실 그보다 더 중요한 것이 조리 기구, 식기 수납장의 높이입니다.

조리대나 기기의 높이는 피로도와 밀접한 관계가 있습니다. 조리대의 높이는 '키의 절반' 정도가 적당하고, 깊이는 손이 닿는 범위인 600~650mm 정도면 됩니다.

상부장이나 식기 선반의 높이도 작업자의 키에 맞추어야 합니다. 일단은 자신의 키를 기준 삼아, 실제로 손을 뻗어 보면서 적당한 선반 높이를 파악합시다. 무거운 물건은 '하단', 가벼운 물건은 '상단'에 둔다는 전제하에 물건의 크기에 맞는 수납장을 설계하는 것이 당연합니다. 또 냉장고, 수납장 문을 여는 데 필요한 여

유 공간도 감안해야 합니다.

여기에서는 요리와 식사의 흐름을 고려해 부엌이 식사 공간을 겸하도록 하는 경우를 생각해 봅니다.

우선은 가족의 수를 알아야 합니다. 손님이 자주 오는 집이라면 손님 수까지 더합니다. 두 명이라면 어깨 폭 400mm와 식사 동작에 필요한 공간인 300mm가 필요합니다. 숟가락과 젓가락을 들고 식사하는 동작을 실제로 취하면서 스케일 감을 느껴 봅시다.

네 명이라면 식탁 크기가 대략 1,500×800mm는 되어야 합니다.

'주방'의 공간 숙어

PLAN 1

레인지 / 냉장고 / 식품고

PLAN 4

냉장고 / 대면형 식탁세트 / 식탁

PLAN 2
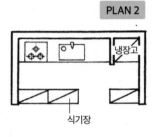
냉장고 / 식기장

PLAN 5
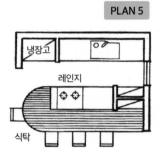
냉장고 / 레인지 / 식탁

PLAN 3

냉장고 / 식품고

S=1:100

PLAN 5의 투시도

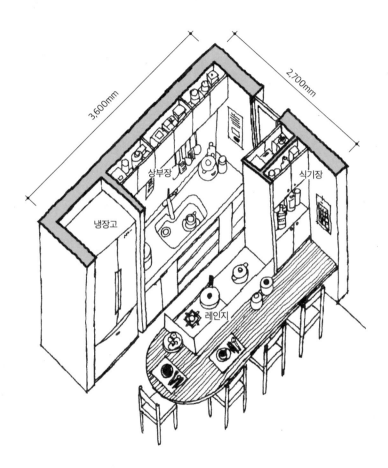

3,600mm

2,700mm

상부장

식기장

냉장고

레인지

PLAN 1~3은 비교적 폐쇄적인 주방이고 PLAN 4~5는 아일랜드를 활용한 개방형 주방입니다. 정리 정돈에 자신이 없는 사람은 '폐쇄형', 그렇지 않은 사람은 '개방형'을 선택하면 됩니다.

그 외에도 개방형 주방과 식사 공간이 한곳에 옹기종기 모여 있으면 조리와 식사에 관련된 동작의 흐름이 원활하다는 장점이 있습니다. 위 도면처럼 입체적인 그림을 보면서 높이까지 검토해 보시기 바랍니다.

04 욕실을 설계하는 과정

샤워기, 변기, 세면대, 세탁기 등의 기기는 효율성을 높이기 위해 욕실에 함께 배치하는 경우가 많습니다.

　욕실 하면 가장 먼저 떠오르는 것이 욕조입니다. 대부분의 욕조는 양식 욕조이지만, 간혹 재래식도 있습니다. 화장실 변기는 이제 거의 양변기로 바뀌었고 그 크기도 점점 작아지고 있습니다. 세면기는 수납장 일체형을 설치하면 화장대처럼 쓸 수도 있고 입욕 후 거울 앞에서 잠시 쉴 수도 있습니다.

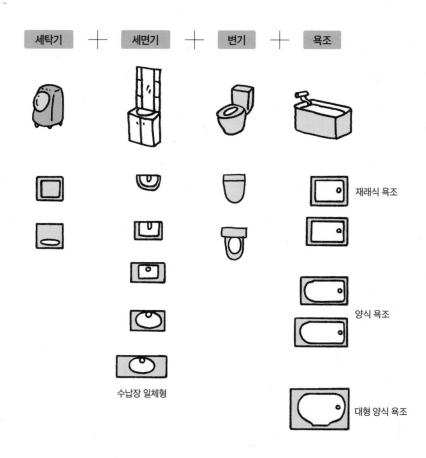

욕실에서 이루어지는 행위 중 면적과 가장 깊은 관계가 있는 것은 '입욕'일 것입니다. '발을 쭉 뻗고 입욕하고 싶다', '자쿠지를 갖고 싶다'라고 희망하는 사람이 많은 것은 욕조가 몸을 깨끗하게 씻는 공간일 뿐만 아니라 피로를 푸는 공간이기도 하기 때문입니다. 가족이 함께 입욕하면서 서로 간의 유대를 강화할 수도 있습니다. 그래서 입욕하는 사람 수에 따라 욕실의 면적이 크게 달라집니다.

또 욕실도 호텔처럼 목욕하는 곳과 화장실, 세면실이 하나로 합쳐진 타입, 화장실만 독립된 타입 등으로 나뉘므로 가족 구성과 기호에 따라 선택하면 됩니다.

동작·행위

배뇨·배변

세면

입욕

세탁

탈의, 착의

선택사항

일체형

목욕하는 곳, 세면실, 화장실 독립형

재래식 욕조

양식 욕조

'욕실'의 공간 숙어

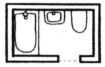

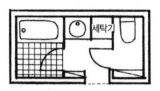

세탁기

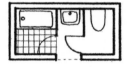

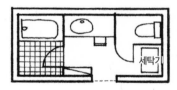

세탁기

거치형
양식 욕조

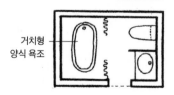

S=1:100

PLAN 4의 투시도

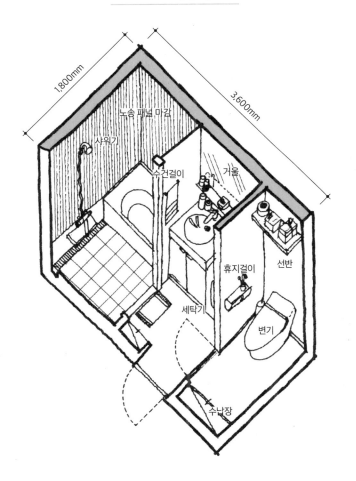

1,800mm

3,600mm

노송 패널 마감

샤워기

수건걸이

거울

휴지걸이

선반

세탁기

변기

수납장

위 투시도는 좁은 일체형이면서도 화장대 겸 세면대가 있어 느긋하게 쉴 수 있는 욕실을 보여줍니다.

욕실은 수건, 화장지, 세제 등 여러 물건을 수납하는 장소이기도 합니다. 따라서 공간 낭비를 없애기 위해 상부 공간을 수납에 이용하고 벽면에는 수건걸이와 거울, 선반 등을 설치해야 합니다. 또 욕실 벽면을 무엇으로 마감할지도 입체적으로 생각할 필요가 있습니다.

05 아이 방을 설계하는 과정

아이 방은 매우 중요하지만 사용 기간이 가장 짧은 방입니다. 아이에게 공부 방이 필요해진 뒤 장성하여 대학이나 직장을 구해 집을 떠날 때까지의 기간이 5~10년밖에 되지 않기 때문입니다. 아이의 장래를 위해 아무리 잘 꾸며놓은 방 이라도 10년 후에는 창고가 되어 버리니 아까운 일입니다.

그런 이유로 아이 방은 최소한의 기능만 갖추면 된다는 사람도 있고 공부방 에 걸맞은 조용한 환경을 마련해 주어야 한다는 사람도 있습니다. 어느 쪽이든 자기 방에서 지내는 시간은 아이의 인격 형성에 큰 영향을 미치므로 아이 방 설 계를 소홀히 여겨서는 안 됩니다.

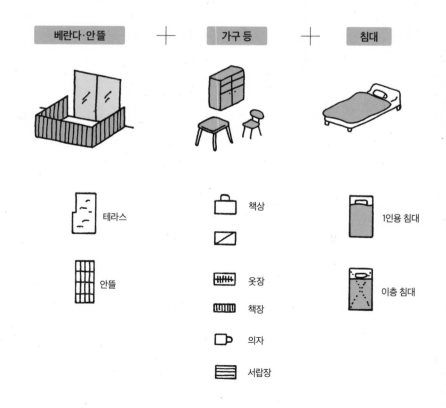

방을 각자 쓰게 할지 형제자매 두 명이 한방을 쓰도록 할지는 가족의 사고방식에 달려 있습니다. 또 어릴 때 공부나 수면 외에 취미와 놀이를 즐기고, 식물이나 반려동물을 접하는 것도 정서와 인격 형성에 큰 영향을 미치므로 약간의 공간을 추가로 할애해도 좋습니다. 아이 방에서는 거의 공부와 수면만 하게 되므로 넓은 공간이 필요 없겠지만 긴장을 풀기 위해 가볍게 운동할 공간도 있으면 좋을 것입니다.

동작·행위

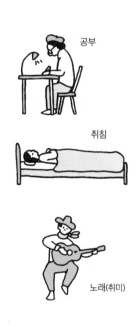

공부

취침

노래(취미)

선택사항

취미

1인실인가 2인실인가

정서 함양

침대 스타일

'아이 방'의 공간 숙어

PLAN 1

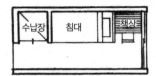

수납장 | 침대 | 책상

PLAN 4

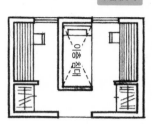

이층 침대

PLAN 2

옷장

수납장 | 책상

베란다

PLAN 5

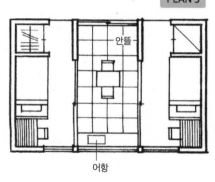

안뜰

어항

PLAN 3

베란다

책상

옷장

S=1:100

PLAN 5의 투시도

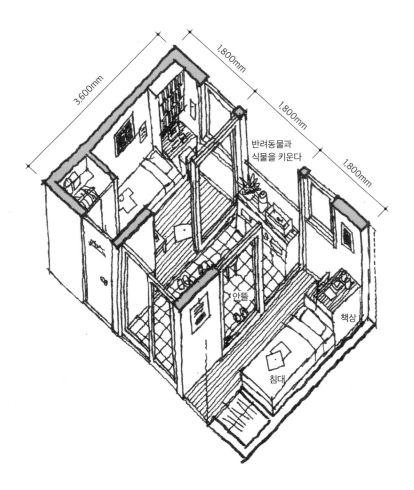

3,600mm

1,800mm

1,800mm

1,800mm

반려동물과
식물을 키운다

안뜰

책상

침대

PLAN 1은 아이 방을 의도적으로 좁게 만들어 아이들이 쾌적한 거실과 식탁으로 모이도록 유도하는 안입니다. PLAN 2~3은 아이의 사생활을 존중하기 위해 아이 방을 최대한 독립시키는 안입니다. 2인실의 경우 침대 두 개를 나란히 놓을 수도 있고 PLAN 4처럼 2층 침대를 활용할 수도 있습니다.

PLAN 5는 두 방 사이에 안뜰을 설치한 안입니다. 안뜰은 형제가 교류하고 운동하는 장소이자 반려동물과 식물을 키우며 정서를 함양하는 장소가 될 것입니다.

06 침실을 설계하는 과정

'침실'은 사생활이 가장 중시되는 공간입니다. 그래서 일반적으로 집 안에서 가장 안쪽이나 위층에 배치됩니다. 도로에서 멀리 떨어져 자동차 소음이 잘 들리지 않는 조용한 곳이어야 하기 때문입니다.

요를 사용하는 사람도 있지만, 여기서는 침대가 있는 침실을 생각해 보겠습니다. 부부 침실에 필요한 가구는 침대, 옷장, 화장대 등입니다. 면적에 여유가 있

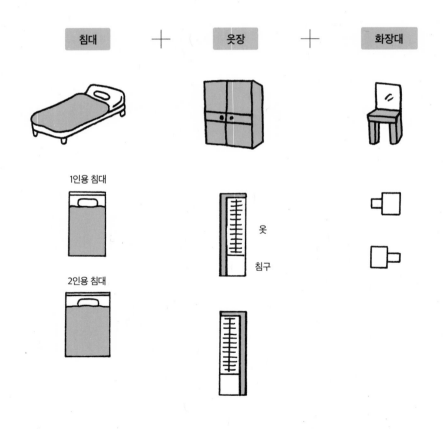

다면 작은 서재 코너나 취침 전 가벼운 음주를 위한 의자와 테이블 등을 두어도 좋을 것입니다. 침대는 방 면적에 따라 싱글, 슈퍼싱글, 퀸, 킹 중에서 선택하면 되고, 침대가 커야 숙면할 수 있다는 사람은 더 큰 크기의 침대를 선택하면 됩니다.

침실은 잠자는 곳일 뿐만 아니라 옷을 갈아입는 곳이기도 합니다. 따라서 침실 면적을 결정하기 위해 고려할 기본 요소는 필요한 침대의 크기와 수, 주요 동작인 옷 갈아입기와 침대 정돈에 필요한 여유 공간입니다. 참고로 최근에는 나이트캡*을 위한 테이블과 의자가 필요하다는 사람도 많아졌습니다.

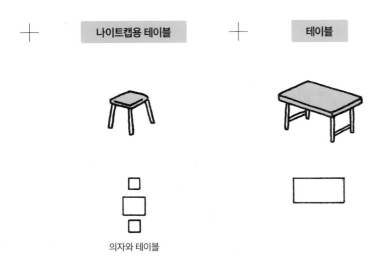

의자와 테이블

06

'침실'의 공간 숙어

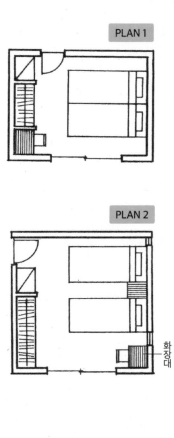

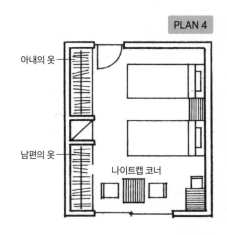

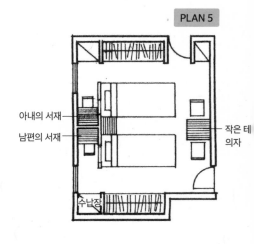

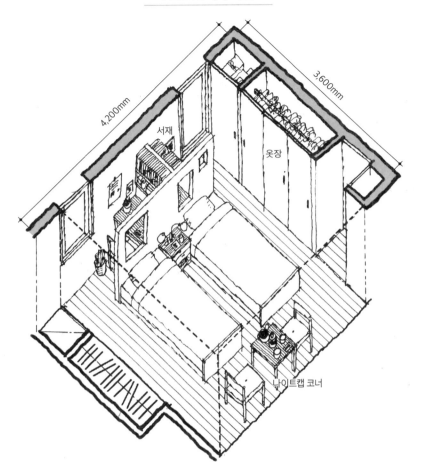

서재

옷장

4,200mm

3,600mm

나이트캡 코너

약간 사치스러워 보이는 PLAN 5는 맞벌이 부부를 위한 침실 설계입니다. 각각 독립된 서재 코너를 만들어 서로의 수면을 방해하지 않으면서 자유롭게 책을 읽거나 컴퓨터 작업을 할 수 있도록 했습니다. 예전부터 침대에서 독서하는 사람은 많이 있었지만, 최근에는 메일 확인 등의 목적으로 침실에 노트북을 가져오는 사람도 늘어났기 때문입니다. 한편 작은 테이블과 의자가 있는 나이트캡 코너에서는 부부가 와인을 마시며 대화할 수 있습니다.

옷장의 크기는 옷과 침구의 양에 따라 결정됩니다. 옷이 많은 부부라면 드레스룸이 필요할 수도 있습니다.

07 공간 숙어를 조합하여 주택을 설계한다

신체 척도를 활용하여 각 방의 유형(공간 숙어)을 다양하게 만들어 보았습니다.
그러나 이것만으로는 주택을 지을 수 없으니 각 방을 합리적·기능적으로 조합
하여 한 채의 주택 설계를 완성해 봅시다.

여기서는 A안과 B안, 두 가지 설계를 완성해 보았습니다.

우선 각 방의 유형 중에서 선택사항에 맞는 것을 선택해 봅시다.

이 방을,

다.

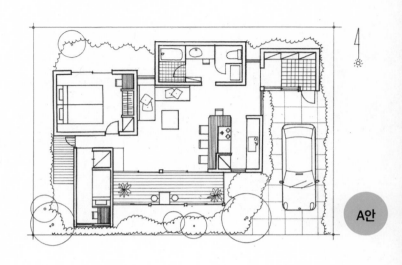

A안

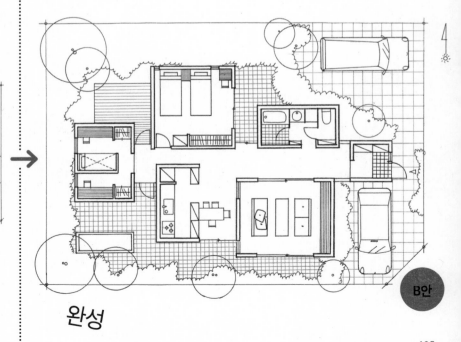

B안

완성

완성도

침실

거실

아이 방

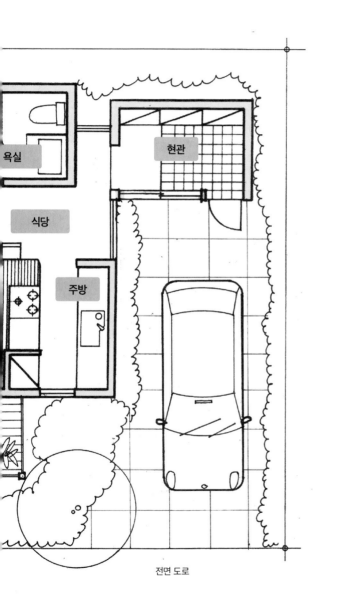

욕실

현관

식당

주방

인접지

전면 도로

S=1:100

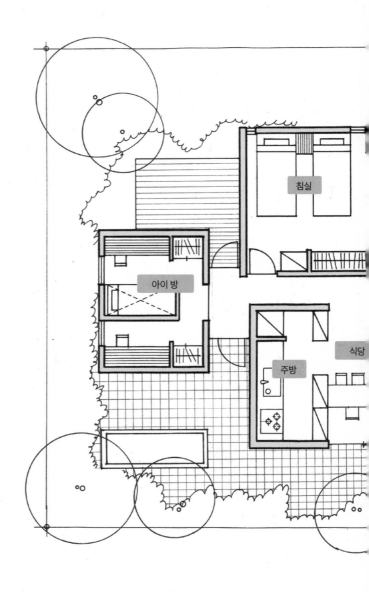

B안 완성도

침실

아이 방

식당

주방

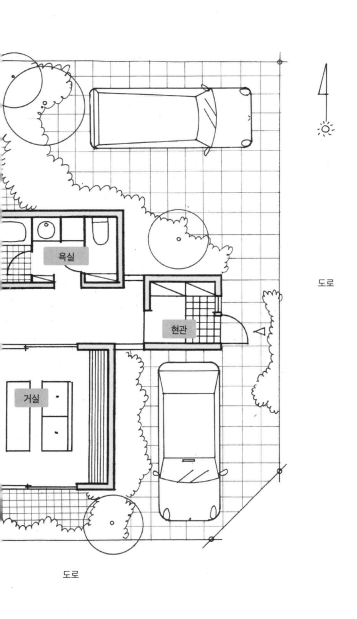

욕실

현관

거실

도로

도로

S=1:100

부록

부록에서는 공간을 인식하는 데 매우 적합하고도 독특한 단위인 일본의 다다미에 대해 살펴봅니다. 일본인들은 다다미의 개수로 면적을 대략 추측할 만큼 다다미는 일반화된 스케일의 감입니다. 일본만의 문화이지만, 자신에게 딱 맞는 공간을 설계하는 데 스케일의 감을 익히고 길러두는 것이 얼마나 편리하고 중요한 일인지를 알려줍니다.

또한 연표를 통해 인류가 신체를 잣대로 지금까지 어떻게 공간을 설계해왔는지를 알아봅니다.

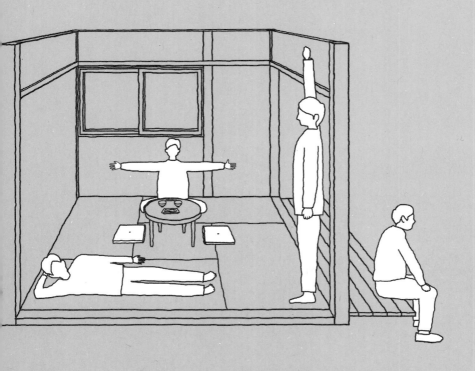

다이안(待庵)

일본의 전통 건축물이라고 하면 일반적으로 다실로 대표되는 몇몇 유서 깊은 건물과 서원 들을 가리킵니다. 이런 다실을 생각할 때 가장 먼저 떠오르는 것은 장지와 맹장지*, 도코노마**, 그리고 다다미일 것입니다.

센노리큐(千利休)***가 지은 '다이안'은 불과 2첩의 좁은 면적에서 주인과 손님이 깊이 교류할 수 있는 공간입니다. 면적이 넓지 않아도 공간이 쾌적하고 풍성해질 수 있음을 이곳에서 배우게 됩니다.

• 장지(障子)란 방과 방 사이, 또는 방과 마루 사이에 끼우는 칸막이용 미닫이문을 가리킨다. 살의 한쪽에만 창호지를 바르는 것을 장지, 살의 안팎으로 창호지를 두껍게 발라 외기를 차단시키는 것을 맹장지(襖)라 한다.
•• 일본식 객실의 상석에 바닥을 한층 높여서 만든 장식 코너. 벽에는 족자를 걸고 바닥에는 꽃이나 장식물을 놓는다.
••• 전국시대와 아즈치 · 모모야마 시대에 활동한 인물로 일본 다도의 한 양식인 '와비차'를 완성시켰다.

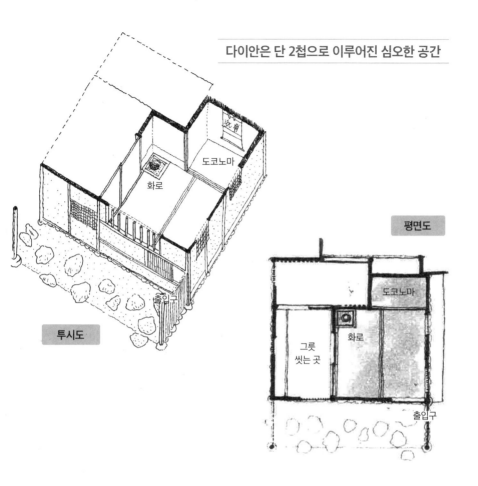

다이안은 단 2첩으로 이루어진 심오한 공간

도코노마

화로

沈角

평면도

투시도

도코노마

그릇
씻는 곳

화로

출입구

출입구

다다미는 관서, 관동 등 지역에 따라 크기가 조금씩 다르지만 대략 900×1,800mm 정도입니다. 그러면 다다미 개수로 면적을 대략 상상할 수 있을 것입니다. 실제로 다다미가 면적 단위로도 쓰여서 방 크기를 3첩, 6첩 등으로 표현하는 경우가 많습니다. 다다미는 공간 인식을 공유하는 매개 단위로, 일본인의 스케일감의 원천입니다. 최근 다다미방이 줄어드는 추세여서 다다미에 기초한 스케일감이 사라지고 있지만, 공간을 인식하는 데 있어 일본인들에게 여전히 중요한 요소입니다.

다다미를 배열하는 데에도 규칙이 있습니다. 다다미의 긴 변에는 골풀이 풀어지지 않도록 하는 '단(緣)'*이 붙어 있습니다. 배열 방식에 따라 단이 서로 엇갈리는 모양도 달라지므로 이 단으로 다다미 수를 파악하고 방 면적을 산출할 수 있습니다.

다다미 나누기와 기둥 나누기

일본식 가옥은 기둥과 들보로 이루어지는데, 기둥은 2~3간(약 3,600~5,400mm), 즉 기본적으로 3~6척 간격으로 세워집니다. 그 간격을 기둥 중심에서부터 측정하는 방식을 '기둥 나누기', 다다미 끝에서부터 측정하는 방식을 '다다미 나누기'라고 합니다.

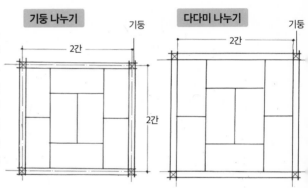

엇갈려 깔기와 바둑판 깔기

다다미를 도코노마와 평행하게 깔아 단이 십자 모양이 되도록 하는 방식을 '바둑판 깔기'**라고 합니다. 예전에는 객실에서 좋지 않은 일을 치를 때면 다다미를 바둑판 모양으로 다시 깔았다고 합니다. '엇갈려 깔기'**는 그림처럼 단이 십자 모양으로 교차하지 않습니다.

• 돗자리 같은 다다미 윗면의 가장자리를 띠 모양 천으로 보강·고정한 것이다. 옛날에는 신분에 따라 문양 등에 제한이 있었다.
•• 일본어 표기는 슈쿠기시키(祝儀敷き)와 후슈쿠기시키(不祝儀敷き)인데 슈쿠기는 혼례식을, 후슈쿠기는 장례식을 의미하기도 한다.

다다미 단

다다미는 돗자리나 멍석처럼 골풀을 날실로 엮어 만들기 때
문에 양쪽 끝에서 골풀이 풀리지 않도록 천으로 둘러싸 마
감해야 합니다. 그것이 '단'입니다. 그러므로 단은 원래 다
다미의 긴 변에만 있습니다. 짧은 변은 다다미 겉면으로 감
싸서 마감하면 되므로 단을 달지 않습니다. 다만, '류큐다다
미'*처럼 크기가 일반 다다미의 절반이고 단을 전혀 달지 않
는 것도 있습니다.

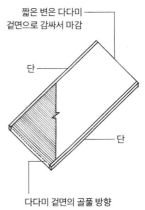

짧은 변은 다다미
겉면으로 감싸서 마감

단

단

다다미 겉면의 골풀 방향

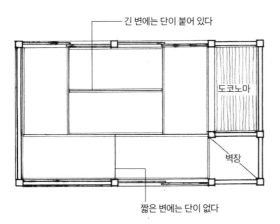

긴 변에는 단이 붙어 있다

도코노마

벽장

짧은 변에는 단이 없다

도코자시

다다미의 단이 도코노마를 직각으로 가
리키는 것을 '도코자시'라고 하는데 전통
적으로는 불길하다는 이유로 금기시되었
습니다.

올바른 배열법

도코노마 | 벽장

도코자시

도코노마 | 벽장

도코자시

• 류큐는 지금의 오키나와. 류큐다다미는 본문의 설명과 같이 크기가 작아 일반적으로 880×880mm이고 단이 없으며 뒤집을 수 없
다는 특징이 있다.

다다미방은 스케일감의 원천?

일본에는 '앉으면 반 다다미, 누우면 한 다다미'라는 속담이 있습니다. 이처럼 다다미의 개수를 보고 방안에서 어떻게 생활할 수 있을지 상상하면서 스케일감을 길러 봅시다.

0.5첩

1명이 앉을 수 있다

2명이 설 수 있다

1첩

1명이 누울 수 있다

2명이 차를 마실 수 있다

2첩

비스듬히 누웠을 때 약간의 공간이 남는다

4명이 차를 마실 수 있다

3첩

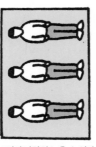

3명이 나란히 누울 수 있다

2명이 요를 깔고 누울 수 있다

'앉으면 반 다다미, 누우면 한 다다미'이므로, 두 명이 앉으려면 다다미 한 장이 필요하고, 두 명이 누워 자려면 다다미 두 장이 필요할 것입니다. 그러나 실제로 잠을 자려면 요를 깔아야 하기 때문에 요를 깔 자리뿐만 아니라 침구를 밟지 않고 지나갈 수 있는 여유 공간도 필요해집니다.

이처럼 실제 생활에 다다미 몇 장이 필요할지 따져보다 보면 자신의 생활에 어느 정도의 면적이 필요한지 알게 되는 것입니다. 이런 스케일감은 자신에게 딱 맞는 공간을 설계하는 데 큰 도움이 됩니다.

4첩

3인용 테이블과
TV 받침대를 둘 수 있다

여유 있는 4인용
테이블을 놓을 수 있다

4.5첩

2명이 요를 깔고
넓게 잘 수 있다

4명이 여유 있게
차를 마실 수 있다

중앙에 6인용 테이블을 놓을 수 있다

중앙에 8인용 테이블을 놓을 수 있다

2명이 요를 따로 펴고 누울 수 있다

2명이 요를 따로 펴고 누울 수 있고
다른 사람이 머리맡과 발치로 지나갈 수 있다

ㄷ자 모양의 10인용 카운터 안에서
음식을 서빙할 수 있다

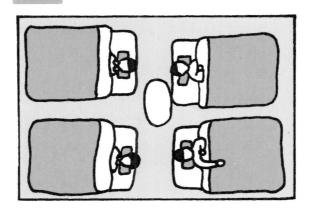

4명이 요를 따로 깔고 누울 수 있다.

영어에는 몇 개의 단어가 모여 원래 단어들과는 다른 의미를 나타내는 '숙어'가 있습니다. 숙어를 잘 외워 두어야 글 전체를 제대로 해석할 수 있습니다. 이처럼 다다미 개수와 기능의 관계도 외워두면 편리합니다.

　예를 들어 일반 주택의 계단에는 '다다미 2장'의 면적이 필요합니다. 일단 다다미 2장을 확보했다면 배열은 123쪽 그림처럼 자유롭게 하면 됩니다. 이것이 바로 다다미 개수로 익히는 공간 숙어입니다.

　이 공간 숙어는 숙어를 외우듯 다다미 개수에 따라 어떤 행위가 가능한지 기억해 두면 기본적인 스케일을 쉽게 정할 수 있으므로 주택 설계가 훨씬 쉬워집니다. 화장실은 '다다미 1장', 욕조와 세면대가 있는 욕실은 '다다미 2장'이라는 식으로 통째로 외우면 됩니다.

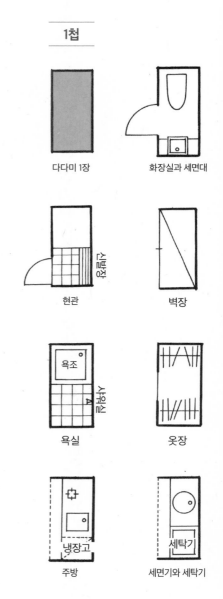

1첩

다다미 1장　　화장실과 세면대

현관　　벽장

욕실　　옷장

주방　　세면기와 세탁기

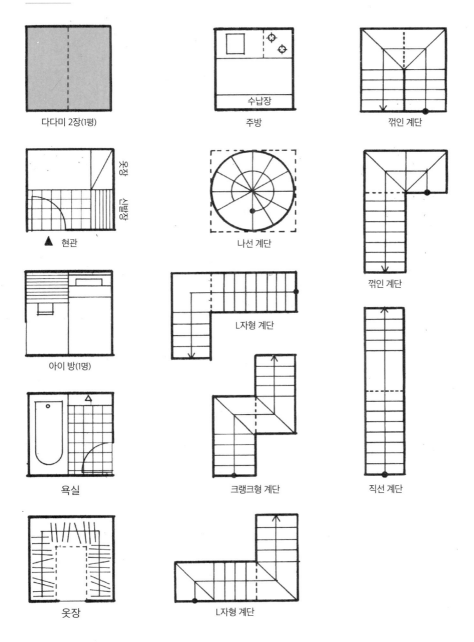

다다미 2장(1평)

주방

꺾인 계단

▲ 현관

나선 계단

꺾인 계단

아이 방(1명)

L자형 계단

크랭크형 계단

직선 계단

욕실

옷장

L자형 계단

다다미 3장

주방

아이 방(1명)

화장실 · 세면대 · 욕실

2층 침대

아이 방(2명)

화장실 · 세면대 · 욕실

아이 방(1명)

계단실

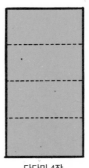

다다미 4장

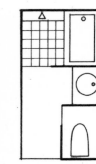

화장실 · 세면대 · 욕실

세면대

아이 방(1명)

화장실 · 세면대 · 욕실

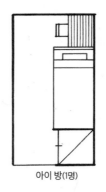

아이 방(2명)

4.5첩

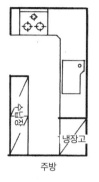

주방

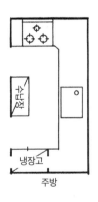

주방

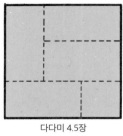

다다미 4.5장

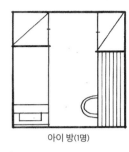

아이 방(1명)

화장실·세면대·욕실

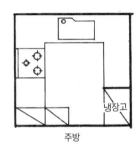

주방

화장실·세면대·욕실

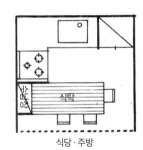

식당·주방

아이 방(1명)

5첩

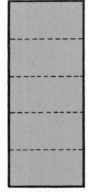

다다미 5장

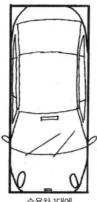

승용차 1대에
필요한 면적

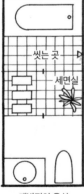

개방적인 욕실

6첩

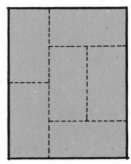

다다미 6장

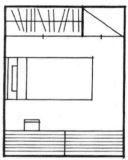

침실(1인용)

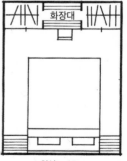

침실(2인용)

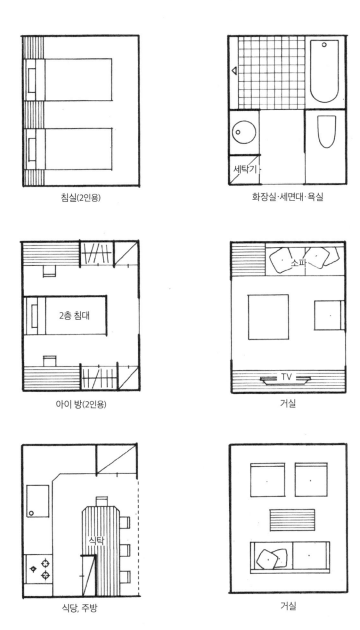

침실(2인용)

화장실·세면대·욕실

세탁기

아이 방(2인용)

2층 침대

거실

소파

TV

식당, 주방

식탁

거실

127

8첩

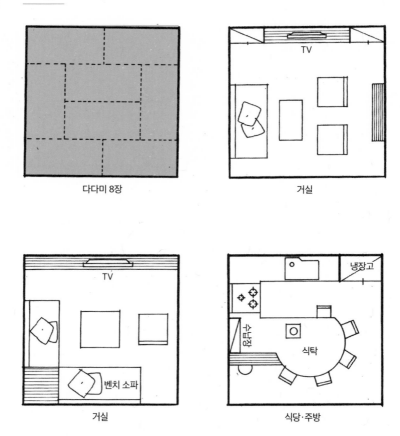

다다미 8장

거실

TV

거실

벤치 소파

식당·주방

냉장고

수납장

식탁

여기에 든 예는 극히 일부에 불과합니다. 이것이 최선이라고도 말할 수 없습니다. 다다미 개수가 많아질수록 공간 숙어의 패턴도 무한히 늘어납니다. 그러므로 자신만의 스케일감을 다듬어 나가는 것이 무엇보다 중요합니다.

10첩

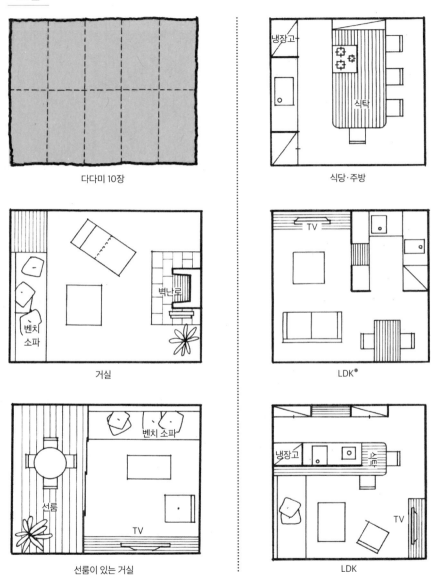

다다미 10장

식당·주방

거실

LDK*

선룸이 있는 거실

LDK

• Living, Dining, Kitchen 거실, 식당, 부엌의 첫 글자를 딴 일본식 영어 줄임말이다. 앞에 숫자를 붙여 1LDK, 2LDK처럼 표현하기도 하는데 이 숫자는 방의 개수를 의미한다.

		원시

역사적 사건

일본

약 1만 3,000년 전
수렵 생활

기원전 8000년경
조몬 시대 시작
(조몬 토기)

약 5,200년 전
일본으로 벼농사 전래

한국

기원전 1만 년 전후
빗살무늬토기,
한반도에 출현

신체 척도에 관련된 물건과 사건

외국

피라미드: 돌의 치수를 큐빗 단위로 측정하여 피라미드를 설계. 쿠푸왕 피라미드는 약 기원전 2,600년 경에 지어진다.

큐빗(팔꿈치부터 손끝까지의 길이)

1큐빗

1큐빗

일본

활: 무기, 도구. 사냥감을 멀리서 도 잡을 수 있게 고안되었다. 키보다 길거나 짧으면 불편하다.

토기: 식량을 저장, 조리하는 도구. 가족 인원수나 구성에 따라 크기가 달라진다.

길(丈) : 머리에서
발까지의 길이

진화

네발로 기면서
신체를 지탱한다.

두 발로 걸으며 손을
자유롭게 쓰게 된다.

몸으로 크기를 표현하고
치수를 측정하기 시작한다.

4명이 탈 만한
배를 만든다.

• 한국의 역사적 사건은 국내 독자들의 이해를 돕기 위해 한국어판에 추가된 내용이다.

...전 200년경	약 2,100년 전	일본으로 철기 전래		538년
...이	청동기 일본으로			한반도에서
...시작	전래			불교 전래
		기원전 108년		기원전 300년~기원후 300년
		고조선 멸망		원삼국시대

...르테논 신전: 기원전 438년경.
...물을 구성하는 각 요소의 상대
...ㄴ 비례 관계가 아름답다.

오더(고전건축의 기둥 양식)
도리스식: 가장 먼저 출현한 간소한 양식.
남성의 강인함을 표현한다..
이오니아식: 주두(기둥머리)의 소용돌이
장식이 특징. 여성적인 형태를 띤다.
코린트식: 주두의 지중해 식물을 본뜬 장
식이 특징. 소녀의 호리호리한 모습을 표
현한다.

비트루비우스의 《건축 10서》
기원전 33~22년. 현존하는 가장 오
래된 건축 이론서. 인체 비율이 상
세히 기술되어 있다. '신전 건축은
인체와 마찬가지로 조화로워야 한
다'라고 주장한다.

...발집(四ひろ솔) : 가장 오래되
...가장 작은 목조 주택. 인간
...기거할 수 있는 최소한의 높
...와 면적

괭이와 가래: 농기구

발(양팔을 벌린 폭)

고전척(古典尺):
일본 고유의 척도

근린 지역에서 척
도 전래

이만한 통나무가
필요한데…

사람이 많이 모여 살게 되자
사회 통제를 위한 기준이 필
요해졌다.

⇩

인간의 신체 구조는 세계적
으로 거의 비슷하므로 몸이
기본 단위가 되기 쉽다.

대칭

팔 2개
다리 2개

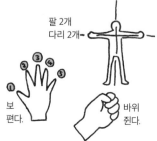

보
편다.

바위
쥔다.

역사적 사건	일본	645년 다이카 개신 7세기 중엽에 일본에서 중앙집권적 정치 체제를 구축하기 위하여 이루어진 정치개혁	701년 다이호 율령 (大宝律令)	1156~1159년 호겐·헤이지(保元·平治)의 난 헤이안 시대에 일어난 대규모 왕권 쟁탈전	1185년 일본 최초의 무사정권, 가마쿠라 막부 수립
	한국	고구려, 천리장성 완성 660년 백제 멸망	676~935년 통일신라		1170~1270년 고려, 무신정권

신체 척도에 관련된 물건과 사건	한국	주척(周尺): 중국의 척도 고려척: 조선의 척도

신체 척도에 관련된 물건과 사건 — 일본

천평척(天平尺):
고전척과 주척을
절충한 척도

조방제:
천평척을 활용한
도시 구획법

곡척: 약 30.3cm

건물과 의복 등
다양한 물건에
일정한 척도가
주어졌다(규격
화의 시작).

조(条)

방(坊)

정(町)

주택

120m
200보

척

뼘-척

1338년
무로마치 막부 성립

1543년
포르투갈인으로부터
일본으로 소총 전래

~1259년
고려 침입

루비우스의 인체도: 레오나르
도 빈치가 1486~1490년에 그린
비트루비우스가 제창한 새로
운 인체 비율에 자신의 관찰 결과
를 더해 완성했다.

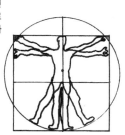

샹보르 성: 1547년. 레오나르
도 다빈치는 이 성의 2중 나선
계단 설계에 관여했다고 한다.
올라가는 사람과 내려가는 사
람이 서로 마주치지 않도록 고
안되었다.

경척(鯨尺): 직물을 재거나 재
봉할 때 사용하는 자. 곡척의
1자 2치 5푼(약 37.8cm)에 해
당한다. 의복에 천을 넉넉하게
쓰게 되면서 곡척보다 긴 척도
가 필요해져 만들어졌다.

문척(文尺): 일본식 버선을
만들 때 사용하는 자. 곡척
의 8치(약 24.2cm)에 해당
한다. 에도시대 동전의 표
준지름인 8푼(약 2.4cm)이
1문이다.

응척(鷹尺): 갑주(갑옷과 투구)
를 만들 때 사용하는 자. 곡척
의 1자 1치 5푼(약 34.8cm)에
해당한다. 움직이기 쉽고 체형
에 잘 맞는 갑주를 만들기 위해
고안되었다.

다이안: 1492년. 2첩 면적
의 가장 작은 다실

근세

		1549년 기독교 전래	1582년 다이코켄치(太閤検地)*	1590년 도요토미 히데요시의 전국 통일	1600년 세키가하라 (関ヶ原) 전투**	1603년 에도 막부 성립	1633년 쇄국령

역사적 사건 — 일본 / 한국

일본: 1549년 기독교 전래 / 1582년 다이코켄치(太閤検地)* / 1590년 도요토미 히데요시의 전국 통일 / 1600년 세키가하라(関ヶ原) 전투** / 1603년 에도 막부 성립 / 1633년 쇄국령

한국: 1592년 임진왜란 / 1636년 병자호란

신체 척도에 관련된 물건과 사건 — 외국

개발도상국가에서는 여전히 신체 척도를 쓰고 있다.

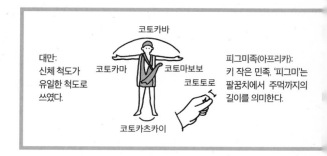

대만:
신체 척도가 유일한 척도로 쓰였다.

코토카바
코토카마
코토마보보
코토토로
코토카츠카이

피그미족(아프리카):
키 작은 민족. '피그미'는 팔꿈치에서 주먹까지의 길이를 의미한다.

신체 척도에 관련된 물건과 사건 — 일본

되(京升): 한 홉(合)의 10배. 양손으로 퍼낸 쌀의 양 = 한 홉. 한 손으로 퍼낸 쌀의 양 = 한 작(勺)

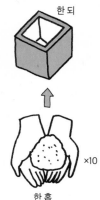

한 되

×10

한 홉

다다미: 교마 = 6척 3촌(다다미 나누기). 에도마 = 6척(기둥 나누기)

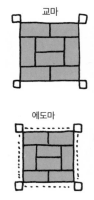

교마

에도마

《쇼메이(匠明)》: 1608년에 헤이노우치 마사노부(平内正信)가 편찬한 책***으로, 현존하는 가장 오래된 목재 분할 이론서다. 건물 각부의 치수와 조합의 원리를 비례로 설명했으며, 기둥 굵기를 기초로 다른 부재의 치수와 간격을 구하는 법을 기록했다.

---

* 도요토미 히데요시가 일본 전국에서 실시한 경작지 측량 및 수확량 조사.
** 1600년 일본에서 전국의 다이묘가 두 세력으로 나뉘어 벌인 전투. 이 전투로 도쿠가와 이에야스가 세력을 장악한 후 2000년간 평화가 이어졌다.
*** 도편수 헤이노우치 마사노부가 역시 도편수인 아버지 헤이노우치 요시마사(平内吉政)와 함께 펴낸 전 5권으로 구성된 책.

657년
|이레키(明曆)
|화재●

1867년
에도 막부 폐지

문명개화
서양 문화 전래

1923년
관동 대학살

1939~1945년
제2차 세계대전

1910년
한일 병탄 조약

1796년
거중기를 활용해
수원화성 축성

1894년 동학운동

1919년
3·1 운동

18세기 후반
프랑스에서 미터법 탄생

모듈러: 르 코르뷔지에가 인체 치수와 황금비례에 기초하여 만들어낸 건물 설계 시스템. 건물을 규격화하여 생산 효율을 높이는 동시에 인체 치수까지 고려함으로써 기능성을 향상시켰다.

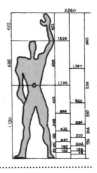

일본 지도: 이노 다다타카(伊能忠敬)는 1800년에서 1816년까지 17년 동안 전국을 측량하여 일본 지도를 만들었다. 처음에는 보폭을 약 69cm로 유지하려고 훈련했다고 한다. 나중에는 측량줄을 만들어 그것으로 거리를 계측했다.

문명개화 이후 유럽의 미터법, 미국의 야드법, 파운드법이 기존의 척관법과 함께 쓰이기 시작하자 사람들은 혼란에 빠진다.

도량형 단속 조례: 1875년. 길이의 척도는 곡척 및 경척, 부피의 척도는 되, 무게의 척도는 돈(匁)으로 통일되었다.

도량형법: 1891년. 척관법과 미터법을 병용하도록 했다. 1척=10/33m로 정의되었다.

● 1657년에 발생하여 에도의 절반을 태워 버린 대화재.

135

역사적 사건	일본	1954~1973년 고도 경제 성장	1986~1991년 거품 경제
	한국	1950~1953년 한국전쟁	1997년 IMF 외환 위기
		1060년~1970년대 경제 성장	

임스하우스: 1949년. 기둥 간격 2.3m, 깊이 6.1m, 높이 5.2m로 이루어진 주택. 모든 재료와 가구는 기성 제품. 종전 후 주택 부족을 해소하기 위해 새로운 건축 양식을 표방한 작품이다.

카프마르탱: 1957년. 코르뷔지에가 모듈러를 실험하기 위해 지은 작은 집

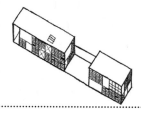

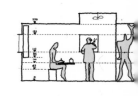

신체 척도에 관련된 물건과 사건 / 일본

세계대전이 끝난 후 척관법은 점차 소멸한다.

9평 하우스: 1952년. 마스자와 마코토(増沢洵)가 설계한 최소 주택. 면적은 3간 × 3간. 구조재에서 가구까지 전부 시판되는 재료를 사용했다.

건축 재료의 규격화 시작
⇓
프리패브 공법* 보급

51C형: 1951년에 설계된 공영주택의 표준 설계 중 하나. 약 40m²의 좁은 면적 안에서 먹는 공간과 자는 공간을 분리하는 데 성공했다. 이때 단지 마(団地間)**(5척 6촌)로 불리는 새로운 규격의 다다미가 등장한다.

공영주택 51C형

• 건물의 부품을 공장에서 미리 만들어 와서 현장에서는 조립만 하는 방식.
•• 다다미 규격의 일종. 공영주택에 주로 쓰였다.

136

1995년~
정보 통신 기기의 발전

1990년~
IT 기술의 성장

1959년 척관법이 폐지
되고 모든 도량형에 미
터법이 적용된다.

스마트폰: 남녀노소가 한
손으로 조작할 수 있는 크
기. 대개 5인치 정도.

나가며

'집은 사람의 그릇'이라는 말이 있듯이, 사람이 안에서 쾌적하게 생활할 수 있어야 좋은 집입니다. 그러므로 좋은 집을 설계하려면 사람의 신체 치수에 맞는 스케일을 알아 두어야 합니다. 선물의 크기에 따라 선물 상자의 크기를 결정해야 하는 것과 같은 이치입니다.

이 책은 자료집이 아니어서 여기에 모든 치수를 자세하게 명기하지는 않았습니다. 이 책에 나온 숫자는 모두 하나의 예일 뿐이니, 독자 여러분은 자신의 신체 치수를 바탕으로 방이나 가구의 크기를 설계하시기 바랍니다. 그러면 지나치게 좁은 문이나 사용하기에 불편한 욕조나 변기를 설계하는 오류를 피할 수 있습니다. 여러분이 쾌적하고 기능적인 스케일의 공간을 설계하는 데 이 책이 조금이라도 도움이 된다면 기쁘겠습니다.

나카야마 시게노부 드림

감수의 글

건축학과에 입학해 학과 친구들과 치수 맞히기 게임을 하곤 했었다. 직접 측량 도구를 사용하지 않고 감각적으로 가장 정확하게 맞추는 사람이 이기는 게임이다. 저기까지의 거리는 몇 미터일까? 저 문의 높이는 얼마일까? 저 기둥의 두께는 얼마일까? 이 게임은 놀이가 아니라 실은 일종의 훈련이다. 음악 소리를 듣고 바로 악보를 적어내는 음대생처럼, 색을 쓰윽 입혔는데 현실감 있는 사물을 그려내는 미대생처럼, 건축 전공자라면 능숙하게 치수를 다룰 줄 알아야 한다.

스케일이란 단순히 치수를 뜻하는 것이 아니다. 그 사물 혹은 공간의 크기를 결정하는 데 근간이 되는 고유한 단위를 포함한 비례 체계다. 건축설계에 있어서 프로젝트마다 고유한 크기 단위를 설정하는 것은 여전히 중요한 과정이다. 국제 어디에나 통용되는 미터법은 감각에 기초했던 관습적인 단위의 고유함과 다양함을 오히려 잊어버리게 한다. 주택, 학교, 공항, 축구장, 주차장 등 각각에는 대상화되는 사용자 집단의 크기나 행위 패턴이 다르기 때문에 공간의 크기 단위 또한 고유하게 설정되어야 한다. 사물이나 공간의 크기를 일일이 자로 재서 그 숫자를 외워 사용하는 방식이 아니라 내 몸의 감각으로 기억하는 습관이 중요하다. '스케일감'을 갖는 것은 기능적이고 불편

없는 공간을 설계하는 기본적인 능력이기도 하며 한 발 더 나아가 공간감을 느끼게 되는 기본이기도 하다.

　그리스의 섬마을에서 느끼는 아늑함, 로마 베드로 성당의 거대함, 베니스 골목의 비좁음 등 다양한 환경에서 독특하게 느껴지는 공간감 또한 몸에 익숙해진 스케일감에서 비롯되는 것이다. 소양이 깊을수록 즐거움은 더욱 섬세하고 풍요롭게 다가오는 법이며 풍요로운 공간감을 새롭게 창조해야 하는 건축가에게 스케일감은 필수적인 소양이라 할 수 있다. 이 책은 스케일에 대한 감각의 중요성과 우리 주변에서 쉽게 습득할 수 있는 건축의 '휴먼 스케일' 사례들을 다시 살펴보게 한다. 건축 입문자부터 직접 공간을 만들고 싶은 이들 모두 이 책을 먼저 살펴보길 바란다.

건축 스케일의 감

1판 1쇄 발행 2023년 12월 29일
1판 2쇄 발행 2024년 5월 24일

지은이 나카야마 시게노부, 덴다 다케시, 가타오카 나나코
옮긴이 노경아
감수자 임도균

발행인 김기중
주간 신선영
편집 백수연, 유엔제이
마케팅 김신정, 김보미
경영지원 홍운선
펴낸곳 도서출판 더숲
주소 서울시 마포구 동교로 43-1 (04018)
전화 02-3141-8301
팩스 02-3141-8303
이메일 info@theforestbook.co.kr
페이스북 @forestbookwithu
인스타그램 @theforest_book
출판신고 2009년 3월 30일 제2009-000062호

ISBN 979-11-92444-76-5 (13590)

※ 이 책은 도서출판 더숲이 저작권자와의 계약에 따라 발행한 것이므로
   본사의 서면 허락 없이는 어떠한 형태나 수단으로도 이 책의 내용을 이용하지 못합니다.
※ 잘못된 책은 구입하신 곳에서 바꾸어 드립니다.
※ 책값은 뒤표지에 있습니다.
※ 원고를 기다리고 있습니다. 출판하고 싶은 원고가 있는 분은 info@theforestbook.co.kr로
   기획 의도와 간단한 개요를 적어 연락처와 함께 보내주시기 바랍니다.